Mesele Admassu Mersha

Biogeografia do Hipopótamo

Mesele Admassu Mersha

Biogeografia do Hipopótamo

ScienciaScripts

Imprint

Cover image: www.ingimage.com

This book is a translation from the original published under ISBN 978-3-659-89622-4.

Publisher:
Sciencia Scripts
is a trademark of
Dodo Books Indian Ocean Ltd. and OmniScriptum S.R.L publishing group

120 High Road, East Finchley, London, N2 9ED, United Kingdom
Str. Armeneasca 28/1, office 1, Chisinau MD-2012, Republic of Moldova, Europe
Managing Directors: Ieva Konstantinova, Victoria Ursu
info@omniscriptum.com

Printed at: see last page
ISBN: 978-620-8-59822-8

Índice

Capítulo 1	2
Capítulo 2	28
Capítulo 3	31
Capítulo 4	38
Capítulo 5	45
Capítulo 6	46
Capítulo 7	48

1. Introdução

A distribuição das espécies e dos ecossistemas no espaço geográfico ao longo do tempo geológico é conhecida como biogeografia. A biogeografia abrange desde estudos descritivos a estudos interpretativos (Posadas *et al,* 2006). Os estudos biogeográficos interpretativos desenvolveram-se essencialmente de acordo com uma de duas tradições de investigação: a biogeografia ecológica e a biogeografia histórica. A principal diferença entre a biogeografia ecológica e a biogeografia histórica é a escala temporal (Posadas *et al,* 2006).

De acordo com Alfred Russel Wallace, a biogeografia pode ser descrita da seguinte forma: Os organismos (plantas, animais e microrganismos) e as comunidades biológicas podem variar de acordo com gradientes geográficos de latitude, altitude, isolamento e tipo de habitat. A distribuição das plantas e dos animais é estudada pela fitogeografia e pela zoogeografia, respetivamente (Wiens e Graham, 2005).

A biogeografia é um domínio de estudo integrador que reúne conceitos e informações da ecologia, biologia evolutiva, geologia e geografia física. A investigação biogeográfica combina informações e ideias de muitos domínios, desde as restrições fisiológicas e ecológicas à dispersão dos organismos até aos fenómenos geológicos e climatológicos que operam a escalas espaciais e períodos evolutivos globais. As interações a curto prazo num habitat e numa espécie de organismo descrevem a aplicação ecológica da biogeografia. A biogeografia histórica descreve períodos evolutivos de longo prazo para uma classificação mais alargada de organismos (Ricklefs, 1987).

Os padrões de distribuição das espécies em áreas geográficas podem, em geral, ser explicados por uma combinação de factores históricos como a especiação, a extinção, a deriva continental e a glaciação. Com base em observações repetidas da distribuição geográfica das espécies, podem observar-se variações no nível do mar, nos cursos de água, nos habitats e nas bacias hidrográficas. A biogeografia tem igualmente em conta os condicionalismos biogeográficos da massa terrestre e do isolamento, bem como os recursos disponíveis no ecossistema. A biogeografia moderna utiliza sistemas de informação geográfica (SIG) para compreender os factores que afectam a distribuição dos organismos e para prever as tendências futuras dessa distribuição (Weiher *et al,* 2011). Os modelos matemáticos e os SIG são utilizados para resolver problemas ecológicos que influenciam a distribuição das espécies. A biogeografia é mais observada nos ecossistemas insulares do mundo do que em terra. Estes tipos de ecossistemas são suficientemente fáceis de gerir para estudar as espécies, uma vez que são mais condensados do que os ecossistemas terrestres.

As ilhas são locais ideais para estudar a distribuição biogeográfica das espécies, uma vez que permitem aos cientistas examinar habitats que só recentemente foram colonizados por novas espécies invasoras e observar como estas se dispersam na ilha e a modificam. As ilhas têm uma grande variedade de biomas, desde climas tropicais a climas árcticos. Esta diversidade de habitats permite estudar uma vasta gama de espécies em diferentes partes do mundo (Paul *et al.*, 2009).

No século XIX, Alfred Russel Wallace tornou-se o pai da biogeografia graças à sua contribuição para a distribuição dos organismos. Observou a distribuição de borboletas e aves em função da presença ou ausência de barreiras geográficas. Defendeu também que o número de organismos presentes numa comunidade dependia da quantidade de recursos alimentares existentes num determinado habitat. No seu trabalho de campo, estudou os hábitos, a reprodução, a migração e o comportamento alimentar de milhares de espécies. O estudo realizado na bacia amazónica e no arquipélago malaio indica a distribuição da flora e da fauna e mostra que a biogeografia é uma fonte de apoio à teoria da evolução (Wiens e Graham, 2005).

São vários os factores envolvidos na distribuição/diversificação das espécies animais/biológicas, sendo a sua contribuição muito importante. As distribuições geográficas de biotas complexos são estruturadas por pulsos taxonómicos, que são os principais determinantes da expansão episódica, da colonização geográfica e do isolamento em diferentes escalas temporais e espaciais (Erwin, 1985; Halas *et al*, 2005; Lim, 2008). A ligação entre os processos macro e micro-evolutivos de co-especiação e co-adaptação continua no âmbito da dinâmica oscilatória da especiação, que forma associações ecológicas em função de factores temporais e espaciais (McLennan, 2002).

O contexto histórico das faunas/biotas associado a modelos biogeográficos gerais e a sincronia que descreve o isolamento e a diversificação de vários clados num contexto particular que reflecte as condições locais, regionais e globais. Segundo Halas *et al* (2005), a diversificação está ligada à vicariância:

- acontecimentos geológicos, geográficos e climatológicos que conduziram à formação de barreiras
- com especiação simpátrica ocorrendo entre episódios de vicariância e amplamente

consistente com as relações entre zonas

- eventos de especiação que envolvem a dispersão através de barreiras
- extinções que resultam na ausência de determinados clados em áreas endémicas

A especiação vicariante tornou possível explorar os padrões e processos que desempenham um papel na diversificação das espécies. Na biosfera, a formação de barreiras geográficas levou ao aparecimento de espécies irmãs cuja distribuição reflecte uma história de descontinuidade geográfica ou biótica, de isolamento e de especiação alopátrica (Nelson e Plantnick, 1981).

De acordo com Halas *et al.*, 2005; Folinsbee e Books, 2007; Lim, 2008), a diversificação de espécies nos continentes pode seguir as seguintes tendências:

- Os episódios de expansão do biota impulsionados por impulsos taxonómicos resultam em mosaicos complexos, histórias reticuladas e idades, origens e fontes díspares para componentes específicos do biota. A heterogeneidade geográfica que opera a várias escalas temporais e espaciais durante a fase de expansão pode ter efeitos diferentes na diversidade das populações, espécies individuais ou conjuntos de espécies estabelecidos pela interação de processos micro e macroevolutivos.
- A diversificação das espécies pode ser induzida pela expansão biótica, por exemplo, por padrões biogeográficos gerais que devem estar associados à dispersão e não apenas à variância. Os padrões gerais podem resultar do colapso de barreiras ou do isolamento ecológico.
- A ausência de clados num contexto regional pode ser um sinal de fracasso da dispersão (colonização bem sucedida) durante um episódio particular de expansão geral, em vez de uma extinção secundária.

1.1 Biogeografia histórica

A biogeografia histórica ocupa-se dos processos evolutivos que ocorrem durante milhões de anos em grande escala. A biogeografia histórica tem como objetivo deduzir as ligações históricas entre as zonas ou biotas em que se distribuem espécies de diferentes taxa (Rosen, 1978; Humphries & Parenti, 1986). Com base nestas relações entre zonas, a biogeografia histórica pode também tentar explicar como é que as espécies de diferentes taxa se distribuíram nas zonas através de processos como a **especiação alopátrica** (especiação por vicariância e por isolados periféricos ou especiação por dispersão), **especiação simpátrica, extinção e dispersão pós-específica** (Wiley,

1981; Wiley & Mayden, 1985). Em consequência destes dois objectivos, a biogeografia histórica pode ser aplicada do ponto de vista das zonas (abordagem das relações entre zonas) ou das espécies (abordagem das relações entre taxa). Além disso, foram desenvolvidos vários métodos de análise da biogeografia histórica.

A biogeografia histórica está a passar por uma revolução extraordinária em termos dos seus fundamentos, conceitos básicos, métodos e relações com outras disciplinas da biologia comparada. Nas últimas duas décadas, registaram-se progressos consideráveis, nomeadamente no desenvolvimento da biogeografia cladística. Foram propostos vários métodos quantitativos e existe atualmente software disponível para aplicar a maioria deles. No entanto, a confusão em torno destes métodos tem dificultado largamente a sua aplicação. Parte-se geralmente do princípio de que todos estes métodos foram desenvolvidos para implementar os mesmos programas de investigação (Morrone e Crisci, 1995).
Os cinco métodos biogeográficos históricos básicos são: dispersalismo, biogeografia filogenética, panogeografia, biogeografia cladística e análise parcimoniosa da endemicidade (Brooks, 1990).

1.1.1 Dispersão

Os padrões de distribuição disjuntos são o problema mais intrigante para os biogeógrafos. Os taxa relacionados podem apresentar um padrão deste tipo, quer porque o seu antepassado comum foi originalmente encontrado numa área e depois dispersou-se para a outra área onde os seus descendentes sobreviveram até aos dias de hoje, quer porque o seu antepassado estava originalmente disseminado em áreas maiores, que se fragmentaram e cujos descendentes sobreviveram nos fragmentos até aos dias de hoje. Estas explicações históricas são conhecidas como dispersão e vicariância, respetivamente (Nelson e Plantick, 1980). Na explicação da dispersão, a área de atuação da população ancestral estava limitada por uma barreira, que foi transposta por alguns dos seus membros. Se estes colonizarem a nova região e permanecerem isolados da população original, podem eventualmente diferenciar-se num novo taxon. Na explicação da vicariância, a população ancestral foi dividida em subpopulações devido ao aparecimento de barreiras que não podem atravessar. Com o tempo, as subpopulações isoladas podem diferenciar-se em táxons diferentes. Na explicação da vicariância, o aparecimento da barreira causa a disjunção, de modo que a barreira não pode ser anterior à disjunção. Na explicação da dispersão, a barreira é mais antiga do que a disjunção. No entanto, qualquer padrão de distribuição particular pode ser explicado tanto por dispersão como por vicariância. Tomemos o exemplo de um táxon composto por três espécies, uma na América do Sul, uma na Nova Zelândia e uma na Austrália (Nelson e Plantick, 1981). A espécie da Nova Zelândia está mais intimamente relacionada com a espécie australiana e ambas são taxa irmãs da espécie sul-americana. Assumindo uma explicação de dispersão da América do Sul para a Nova Zelândia, o ancestral migrou para a Austrália.

A dispersão e a vicariância são ambos processos naturais, mas nem a dispersão nem a vicariância são explicações que possam ser excluídas a priori. A dispersão tem sido a explicação dominante durante séculos, baseada na adesão estrita ao conceito geológico da estabilidade da Terra. Nos anos 50, Hennig (1966) propôs uma biogeografia filogenética baseada principalmente na dispersão, mas aceitando a vicariância em certos casos. Croizat (1958) foi um dos primeiros cientistas a questionar a explicação da dispersão e a promover a vicariância como o processo mais importante, numa abordagem denominada pan-biogeografia. A biogeografia de vicariância é uma nova disciplina que emerge de duas tradições distintas da biogeografia histórica. A biogeografia de vicariância nasceu de três acontecimentos.

A primeira é a emergência da tectónica de placas como um importante paradigma geológico, que teve o efeito de minar as explicações narrativas dos biogeógrafos dispersalistas, baseadas em posições continentais fixas. Isto não quer dizer que todos os biogeógrafos anteriores a 1962 fossem dispersalistas na tradição de Darwin e Wallace, longe disso (Craw, 1989; Gray, 1989). Pelo contrário, foi a tectónica de placas que minou a longa tradição de invocar a dispersão num globo fixo como a principal explicação para distribuições disjuntas (Humphries e Parenti, 1986; Humphries e Seberg, 1989). A geologia tornou-se o inimigo das explicações dispersalistas e o aliado da biogeografia de vicariância. De facto, foi sugerido que as reconstruções tectónicas de placas beneficiam das técnicas de vicariância (Ladiges *et al.,* 1992).

O segundo evento na origem da biogeografia de vicariância foi o aparecimento da sistemática filogenética, que forneceu uma lógica e um programa de investigação para reconstruir relações evolutivas explícitas (antepassados comuns) entre membros de um grupo. Estas hipóteses filogenéticas tornar-se-iam essenciais para o programa de vicariância. A filosofia filogenética sugere que os taxa superiores (géneros monofiléticos, famílias, etc.) são tão naturais e reais como as espécies.) eram tão naturais e reais como as espécies. Este facto forneceu a justificação intelectual para considerar as distribuições dos taxa superiores tão reais e dignas de estudo como as distribuições das espécies (estas distribuições seriam, em última análise, as pistas da biogeografia de vicariância). A estreita aliança entre a sistemática filogenética, a biogeografia e a tectónica de placas reflecte-se numa série de trabalhos que também estabelecem ligações com o desenvolvimento da biogeografia de vicariância (Craw, 1982, 1983, 1985).

O terceiro acontecimento foi a descoberta de Croizat (1952) por um sistematicista filogenético (Page, 1987, 1988). Esta descoberta levou à ideia de que os conceitos tradicionais e filogenéticos (Page, 1987) de centros de origem eram erróneos e que todas as hipóteses baseadas em centros de origem anteriores deviam ser abandonadas em favor de explicações baseadas na vicariância (Grehan, 1989). Enquanto a relação entre a biogeografia de vicariância e outras formas de biogeografia histórica está bastante bem definida, a relação entre a biogeografia de vicariância e a biogeografia ecológica ainda está a ser definida. Henning (1966) sugeriu que os padrões observados pelos biogeógrafos de vicariância poderiam ser melhor explicados por efeitos ambientais partilhados do que pela história, mas a sua sugestão não foi geralmente aceite. Embora Rosen (1978) tenha sido pessimista quanto à possível integração da biogeografia ecológica e histórica, são visíveis sinais de acomodação (Climo, 1989).

Nas últimas duas décadas, as ideias de Croizat e Hennig foram combinadas para criar a biogeografia cladística, que dá ênfase à procura de padrões biogeográficos congruentes utilizando cladogramas que ignoram explicações prévias sobre dispersão e vicariância. Mais recentemente, Rosen (1976) propôs outro método baseado em padrões, a análise de parcimónia da endemicidade, que utiliza um algoritmo cladístico para analisar padrões geográficos de distribuição.

De acordo com o relato bíblico do Jardim do Éden, Linnaeus propôs que as espécies se originaram na criação numa pequena região e depois se dispersaram para outras regiões disponíveis para colonização. Desde a época de Linnaeus, os centros de origem e de dispersão têm sido as explicações dominantes da biogeografia histórica. Darwin (1859) e Wallace (1892) consideraram que as espécies nascem num centro de origem, a partir do qual alguns indivíduos se dispersam por acaso e são depois modificados pela seleção natural.

A tradição Darwin-Wallace continuou neste século, e os seus expoentes mais eminentes incluem

Cain (1944), Darlington (1965), Matthew (1915), Mayr (1946), Raven & Axelrod (1974) e Simpson (1965).

A dispersão baseia-se em cinco princípios básicos:

- Os taxa superiores aparecem em centros de origem, onde ocorre a especiação subsequente.
- O centro de origem de um táxon pode ser estimado de acordo com critérios específicos.
- A distribuição dos fósseis é essencial, uma vez que os fósseis mais antigos estão provavelmente localizados perto do centro de origem.
- As novas espécies evoluem e dispersam-se, deslocando as espécies mais primitivas para zonas periféricas, longe do centro original, onde se encontra a maioria das espécies apomórficas.
- Os organismos dispersam-se tanto quanto as suas capacidades e as condições físicas do ambiente o permitem, de modo que os taxa derivados empurram os taxa primitivos para os limites da área de distribuição do grupo.

A abordagem dispersalista foi objeto de muitas críticas. Cain (1944) avaliou os critérios de determinação dos centros de origem e concluiu que nenhum deles podia ser considerado independente e que alguns eram mesmo contraditórios, como por exemplo a localização das formas mais primitivas em relação à localização das formas mais avançadas. As explicações residem em quadros narrativos que constituem hipóteses irrefutáveis que não fornecem uma teoria geral para explicar os padrões de distribuição, mas sim histórias de casos individuais para cada táxon. Os pan-biogeógrafos e os biogeógrafos cladísticos consideram o dispersalismo como uma disciplina ad hoc que requer causas externas para explicar os padrões analisados (Croizat, Nelson e Rosen, 1974). Nelson (1978) afirmou que a concentração em dispersões improváveis para explicar as distribuições resulta numa ciência do raro, do misterioso e do miraculoso. Além disso, a aceitação da dispersão como o principal fator causal da distribuição geográfica cria um problema metodológico. Se cada disjunção for explicada em termos de dispersão, os padrões biogeográficos resultantes da vicariância nunca serão descobertos. Craw & Weston (1984) aplicaram a metodologia dos programas de investigação científica desenvolvida por Lakatos (1970) para discutir as abordagens biogeográficas, concluindo que a biogeografia da dispersão não era um programa científico no sentido de Lakatos.

Bremer (1992) formalizou recentemente um procedimento cladístico baseado na abordagem dispersalista. Este autor considera que a compreensão das áreas ancestrais de um grupo individual é uma parte válida do estudo da história natural desse grupo e que era a abordagem anterior de procura de centros de origem, e não a procura, que era falaciosa. O procedimento de Bremer (1992) permite identificar a zona ancestral de um grupo a partir das informações topológicas do seu cladograma. Cada área pode ser considerada como um carácter binário com dois estados (presente ou ausente) e optimizada no cladograma, utilizando a parcimónia de Camin-Sokal. Comparando o número de ganhos e perdas, é possível estimar as áreas com maior probabilidade de terem feito parte das áreas ancestrais. A hipótese mais simples é a de que a área ancestral é idêntica à área considerada, pelo que todas as ausências (equivalentes à extinção ou à fragmentação por vicariância) são consideradas como perdas.

1.1.2 Biogeografia filogenética

A biogeografia filogenética (Brundin, 1966, Henning, 1966) foi a primeira abordagem a considerar uma hipótese filogenética para um determinado grupo de organismos como base para deduzir a sua história biogeográfica ( ). Foi definida como o estudo da história de grupos monofiléticos no tempo e no espaço, tendo em conta a cladogénese, a anagénese, a alopatria (evidência de vicariância), a simpatria (evidência de dispersão) e os eventos paleogeográficos. A biogeografia filogenética baseia-se em dois princípios:

- As espécies estreitamente relacionadas tendem a substituir-se umas às outras no espaço. Os taxa superiores podem também ser vicariantes, mas geralmente apresentam um certo grau de simpatria.
- Se diferentes grupos monofiléticos apresentarem o mesmo padrão biogeográfico, é provável que partilhem a mesma história biogeográfica. Este princípio não tem sido utilizado porque os biogeógrafos filogenéticos têm-se concentrado na história de grupos individuais e não nas distribuições congruentes partilhadas por diferentes grupos que habitam as mesmas regiões (Wiley, 1981).

A biogeografia filogenética aplica duas regras básicas:

- Regra *de* progressão - Os membros primitivos de um táxon encontram-se mais perto do seu centro original do que os membros mais apomórficos, que se encontram na periferia.

Hennig (1966) concebeu que a especiação era alopátrica, envolvia isolados periféricos e estava causalmente ligada à dispersão. Dentro de uma gama contínua de espécies diferentes de um grupo monofilético, as séries de transformação dos caracteres são paralelas à sua progressão no espaço.

- Regra do desvio - Em qualquer evento de especiação, há uma clivagem desigual da população original, em que a espécie nascida perto da margem é apomórfica à sua espécie irmã conservadora (Wiley, 1981).

Embora a biogeografia filogenética e a biogeografia de dispersão possam ser agrupadas na mesma abordagem, porque ambas se centram nos centros de origem e dispersão, alguns autores (Humphries e Parenti, 1986; Wiley, 198) consideram que a biogeografia filogenética é uma melhoria do dispersalismo devido à utilização explícita de hipóteses cladísticas em vez de enumerações e cenários descritivos. A regra de progressão baseia-se no modo alopátrico de especiação por isolamento periférico, pelo que não pode ser aplicada quando se consideram outros modos de especiação, uma vez que é rejeitável a priori (Nelson, 1974). Além disso, a interpretação dos cladogramas como árvores filogenéticas e não como padrões de sinapomorfias requer pressupostos ad hoc que não são totalmente justificados pela informação em que se baseiam (Wiley, 1981).

1.1.3 Pan-biogeografia

A pan-biogeografia, originalmente proposta pelo académico franco-italiano Léon Croizat (1894-1982), é uma abordagem cartográfica da biogeografia que consiste em traçar as distribuições de um determinado táxon ou grupo de táxons em mapas e ligar áreas de distribuição disjuntas ou localidades de recolha através de linhas denominadas trilhos (Croizat, 1958, 1964).

A pan-biogeografia difere de outras formas de biogeografia histórica na medida em que é possível utilizar a geografia de uma pista pan-biogeográfica generalizada para prever ou recapitular o que os evolucionistas anteriores viam como descendência e desvios mutuamente exclusivos de uma forma primária. Este aspeto único da pan-biogeografia atual é indicado pela tendência para entender o nó não simplesmente como um elo de ligação entre duas pistas individuais, mas antes como parente ou irmão do nó filogenético, tal como discutido pelos cladistas. Esta inovação, que está prestes a mudar a forma como a macroevolução é evidenciada, permite-nos pensar em muito mais. A estatística multi-modelo aplicada e desenvolvida para os dados do atlas de pistas pan-biogeográficas estabelece uma nova eminência para a pan-biogeografia, que até agora tinha sido relegada para comentários negativos e opiniões amargas de outros (Croizat, 1964).

Léon Croizat fundou a disciplina e o método da pan-biogeografia, e os seus praticantes modernos estão a desenvolver as suas ideias originais para os tempos e lugares onde esta revolução na biogeografia que ele forjou com caneta e papel pode revelar não só lugares divididos de um continuum criado pelo homem e apresentado nos seus muitos volumes, mas também formatos modernos a partir de formas originais criadas e, portanto, inerentemente classificadas 9.

as próprias forças subjacentes a estas diferenças nos restantes padrões tão estequiometricamente descobertos. A pan-biogeografia molecular dos trópicos desafia já o legado institucional das heranças filogenéticas tradicionais, evita debates desnecessários e defende a vicariância como a força e a substância subjacentes às inovações que os pan-biogeógrafos trazem todos os dias.

Ao contrário dos dois métodos anteriores, que se centram na dispersão, Leon Croizat postulou que a terra e a vida evoluem em conjunto, o que significa que as barreiras geográficas evoluem ao mesmo tempo que as biotas, essencialmente por vicariância. Esta metáfora deu origem ao conceito de pan-biogeografia (Croizat, 1952; Grehan, 1991; 1993).

A pan-biogeografia não é para todos, mas é essencial para aqueles que aceitam a localização geográfica como uma realidade evolutiva e uma fonte empírica de informação sobre a história e o processo de evolução (Grehan, 2001a). A pan-biogeografia é uma metodologia e uma síntese que não pode ser tratada como uma receita de bolo ou utilizada eficazmente sem compreensão. A pan-biogeografia tem de ser aprendida. Isto significa aprender o que é o lugar e a geografia, e como um lugar específico está espacialmente e biologicamente ligado a todos os outros lugares do mundo. A implementação de muitos "poderosos avanços técnicos" na análise filogenética tem sido confundida com progresso concetual, enquanto a abordagem mais comum à biogeografia continua a basear-se numa leitura literal do registo fóssil. Combinada com teorias de centros de origem e dispersão, esta abordagem ignora a avaliação comparativa dos modelos biogeográficos (Heads, 2005).

Existem três conceitos pan-biogeográficos básicos:

Um rasto individual representa as coordenadas espaciais de uma espécie ou grupo de espécies relacionadas e, de um ponto de vista operacional, é um gráfico de linhas desenhado num mapa das suas localidades ou áreas de distribuição, ligadas entre si de acordo com a sua proximidade geográfica (Grehan, 1991). Na teoria dos grafos, um rasto é equivalente a uma árvore mínima que liga todas as localidades de modo a obter o menor comprimento de ligação possível (Page, 1987). Uma vez construído o rasto, a sua orientação pode ser determinada utilizando um ou mais dos três critérios seguintes:

- Caraterísticas básicas como a travessia de um oceano ou bacia marítima, ou uma estrutura tectónica importante (Craw, 1983).
- Massa principal uma concentração de elementos numéricos, genéticos ou morfológicos.

- diversidade dentro de um táxon numa determinada área (Craw, 1983).
- Filogenia Se estiver disponível informação cladística, esta pode ser utilizada para orientar a pesquisa dos taxa mais primitivos para os mais derivados (Page, 1987).

Os traços generalizados que coincidem com os traços individuais de taxa ou grupos não relacionados constituem um traço generalizado ou padrão, que fornece um critério espacial para a homologia biogeográfica. O nó é a área de intersecção de duas ou mais pistas generalizadas (Craw, 1983; Craw, 1982; Nelson, 1982; Page, 1987). Isto significa que diferentes fragmentos bióticos e geológicos ancestrais estão ligados entre si no espaço e no tempo, como resultado de uma colisão terrestre, acoplamento ou sutura, constituindo assim uma zona composta.

1.1.4 Biogeografia cladística

A biogeografia cladística foi originalmente desenvolvida por Rosen, Nelson e Platnick (Nelson, 1973; Rosen, 1976). A biogeografia cladística baseia-se no princípio de que a correspondência entre as relações taxonómicas e as relações espaciais é informativa de um ponto de vista biogeográfico. As comparações entre cladogramas espaciais derivados de diferentes taxa vegetais e animais presentes numa determinada região permitem elucidar padrões gerais (Humphries e Parenti, 1986). Uma análise biogeográfica cladística compreende duas fases: a construção de cladogramas de área a partir de cladogramas de diferentes taxa e a derivação de cladogramas de área geral.

1.1.5 Análise de parcimónia da endemicidade

A análise de parcimónia de endemicidade (Rosen e Smith, 1988) classifica as áreas ou localidades (análogos de táxones) de acordo com os táxones que partilham (análogos de caracteres) com base na solução mais parcimoniosa. Os dados da análise de parcimónia da endemicidade (EPA) consistem em matrizes de taxa regionais e os cladogramas da EPA representam conjuntos aninhados de regiões, em que as dicotomias terminais representam duas regiões entre as quais ocorreu a troca biótica mais recente. Este método foi originalmente proposto num contexto paleontológico, com cladogramas baseados em dados recolhidos em horizontes geológicos sucessivamente mais antigos, assumindo-se que os eventos de troca mais antigos num horizonte eram corroborados por eventos mais jovens no horizonte seguinte. Quando o registo fóssil é pobre ou apenas são processadas as distribuições existentes, a EAP é realizada com dados de um único plano temporal, utilizando diferentes níveis taxonómicos. Isto torna possível interpretar a história da ocupação do espaço pelos taxa ao longo do tempo, assumindo que a dispersão subsequente não apagou o padrão vicariante e que as extinções são aleatórias.

A principal crítica à PAE é o facto de ignorar as relações cladísticas entre os taxa, tendo em conta apenas as suas distribuições (Humphries, 1989). Alguns autores (Cracraft, 1991, Mayers, 1991) integram a informação cladística na PAE adicionando grupos supra-específicos naturais (contendo duas ou mais espécies) à matriz.

1.2 Biogeografia ecológica

A ecologia e a história natural têm uma longa tradição de interesse pela distribuição espacial e geográfica dos organismos. A distribuição latitudinal e altitudinal das zonas de vegetação foi descrita por Von Humboldt, cujo trabalho contribuiu significativamente para o estudo da distribuição geográfica de plantas e animais. Ao longo do século XIX, botânicos e zoólogos descreveram a distribuição espacial de vários taxa, nomeadamente em função de factores macroclimáticos como a temperatura e a pluviosidade. A ideia que surgiu foi a de que as fortes interdependências entre o clima, o biota e o solo resultavam numa estabilidade a longo prazo da paisagem na ausência de alterações climáticas. Os primeiros estudos biogeográficos também influenciaram a teoria da dinâmica sucessional de Clements, segundo a qual um ponto final estável, a vegetação clímax, é determinado pelo macroclima numa grande área.

1.3 Biogeografia das ilhas

A biogeografia insular prevê que o número de espécies numa ilha aumente com a dimensão da ilha e diminua com a distância entre a ilha e a população de origem no continente. Embora os pormenores do modelo de biogeografia insular tenham sido criticados (Sauer, 1969; Gilbert, 1980; Brown e Lomolino, 1998), o padrão previsto foi confirmado para uma vasta gama de taxa, incluindo aves (Hamilton *et al.*, 1964; Vuilleumier, 1970; Adler, 1992), insectos (Darlington, 1943) e plantas (Preston, 1962). Estas previsões baseiam-se no equilíbrio da dinâmica subjacente à extinção e à colonização das ilhas. Estas dinâmicas subjacentes foram igualmente verificadas em sistemas experimentais (Patrick, 1967; Cairns *et al,* 1969; Simberloff e Wilson, 1969; Have, 1987).

As populações das grandes ilhas têm taxas de extinção mais baixas e as populações das ilhas afastadas do continente têm taxas de colonização mais baixas. Quando os pressupostos do modelo de biogeografia insular não são satisfeitos ( ), o modelo pode frequentemente ser modificado com êxito para ter em conta diferentes pressupostos (Brown e Lomolino, 1998). Por exemplo, na ausência de colonização, a dinâmica da diversidade de espécies nas ilhas é determinada pela extinção, como é o caso dos mamíferos nas montanhas da Grande Bacia (Brown, 1971).

Para além de serem processos importantes no tempo ecológico, a extinção e a colonização são processos importantes no tempo evolutivo e têm implicações importantes para a evolução nas ilhas. Em particular, como as populações insulares estão frequentemente isoladas das populações continentais, deverão divergir ao longo do tempo (genética e morfologicamente) das populações das respectivas espécies continentais devido à deriva genética, a alterações nas pressões de seleção ou a ambas. A extensão e a taxa desta divergência podem depender da extinção (a taxa a que a divergência acumulada é eliminada pela extinção), da colonização (a taxa a que novas populações insulares se estabelecem) e da migração (a taxa a que novos migrantes da população continental contribuem para o património genético da ilha). No extremo, o isolamento das ilhas conduzirá à especiação entre a ilha e o continente (Adler 1992), à especiação entre as ilhas de um arquipélago ou mesmo à especiação no interior de uma ilha (Cox, 1990).

Os pressupostos básicos da biogeografia insular são que as taxas de extinção e de colonização estão relacionadas com a dimensão da ilha e a distância ao continente, respetivamente. Como estes dois processos são difíceis de medir diretamente, é possível desenvolver um quadro genético para estimar os parâmetros e avaliar estas hipóteses. Especificamente, é possível fornecer previsões evolutivas sobre a extensão e a natureza da divergência genética das populações insulares em função da dimensão da ilha e da distância ao continente. A divergência genética pode ser estimada na prática, comparando as diferenças de sequência entre os alelos das ilhas e os do continente. Em primeiro lugar, é necessário derivar a distribuição esperada dos tempos de divergência alélica nas populações insulares, a partir da qual se pode estimar o período de colonização e as taxas de migração. Para verificar esta expetativa, podemos examinar as divergências genéticas entre as populações insulares e continentais de uma espécie para muitos loci. Em seguida, é necessário determinar a distribuição média das populações insulares a partir da qual se podem estimar as taxas de extinção e de migração. Esta distribuição pode ser estimada através da análise das divergências entre as populações insulares e continentais de muitas espécies numa única ilha para um pequeno número de loci. Por fim, incorporamos a especiação das populações insulares no modelo, permitindo estimar o momento da especiação (Brown e Lomolino, 1998).

1.4 Factores que afectam a distribuição das espécies

A teoria da deriva continental ajuda os biogeógrafos a explicar a distribuição biogeográfica desarticulada de formas de vida actuais encontradas em continentes diferentes, mas com antepassados semelhantes. Em particular, explica a distribuição gondwanesa das ratites e da flora antárctica.

A distribuição das espécies em todo o mundo resulta da interação de factores como a tectónica de placas, a migração, as alterações climáticas e acontecimentos catastróficos como as eras glaciares, os furacões, as erupções vulcânicas e os tsunamis. Para além destes factores, a disponibilidade de alimentos e água suficientes, a temperatura adequada e outros factores semelhantes são fundamentais para a distribuição das espécies em todo o mundo.

1.4.1 Tectónica de placas

Pensa-se que os sismos e os vulcões resultam de interações ao longo das fronteiras de duas placas em movimento. Os tipos de terramotos e vulcões produzidos dependem da natureza da litosfera ao longo da fronteira (oceânica ou continental) e do facto de as placas se estarem a mover em direção uma à outra, afastando-se uma da outra ou passando uma pela outra. Quando pelo menos uma das duas placas convergentes é oceânica no ponto de contacto, a litosfera oceânica é consumida para o interior da Terra, num processo conhecido como subducção. Esta subducção dá origem a cinturas concentradas de atividade vulcânica. Os vulcões da cordilheira de Cascade, no noroeste dos Estados Unidos, são um exemplo disso.

Quando as placas divergem, a atividade vulcânica cria uma nova litosfera oceânica para preencher o espaço que, de outro modo, surgiria entre as placas divergentes. Desta forma, a litosfera oceânica é continuamente criada e destruída, um processo que envolve a transferência de energia e matéria das profundezas da Terra para sistemas que operam à superfície ou perto dela. Estes sistemas podem ser tanto a força motriz como a consequência do movimento da litosfera terrestre.

O plano ao longo do qual as rochas se movem é designado por falha. As falhas e os consequentes sismos são causados por movimentos da litosfera da Terra, que é comprimida (empurrada) ou dividida (separada). Durante este processo, as rochas podem partir-se como materiais frágeis ou ser esticadas como materiais elásticos até se partirem. Em ambos os casos, quando se partem, libertam energia sob a forma de ondas ou vibrações, que formam um sismo. As falhas podem ocorrer perto da superfície do solo, onde podem ser observadas, ou muito profundamente no interior da Terra.
Os instrumentos e a tecnologia utilizados para detetar terramotos também permitem identificar exatamente onde ocorreram falhas no interior da Terra (Gerald, 2007).

A tectónica de placas é uma teoria científica que descreve os movimentos em grande escala da litosfera da Terra. Esta teoria baseia-se nos conceitos mais antigos de deriva continental, desenvolvidos nas primeiras décadas do século XX, e foi aceite pela maioria da comunidade geocientífica quando os conceitos de espalhamento do fundo do mar foram desenvolvidos no final dos anos 50 e início dos anos 60 (Fowler & Coulson, 1990). A litosfera está dividida nas chamadas placas tectónicas. No caso da Terra, existem atualmente sete a oito placas principais e numerosas placas secundárias. As placas litosféricas assentam sobre a astenosfera. Estas placas movem-se umas em relação às outras num dos três tipos de fronteiras de placas:

- fronteiras convergentes ou de colisão
- fronteiras divergentes, também conhecidas como centros de expansão e
- limites de transformação conservadores.

Os terramotos, a atividade vulcânica, a formação de montanhas e as trincheiras oceânicas ocorrem ao longo destas fronteiras de placas. O movimento lateral relativo das placas varia, embora se situe geralmente entre 0 e 100 mm por ano (Read & Watson, 1975).

As placas tectónicas são constituídas por dois tipos de litosfera: a litosfera continental, mais espessa, e a litosfera oceânica, mais fina. A parte superior é designada por crosta, que também é de dois tipos (continental e oceânica). Isto significa que uma placa pode ser de um ou de ambos os tipos. Um dos principais pontos da teoria é que a quantidade de superfície de placa que desaparece no manto ao longo das fronteiras convergentes através da subducção está mais ou menos em equilíbrio com a nova crosta (oceânica) que se forma ao longo das margens divergentes através do espalhamento do fundo oceânico. Isto é conhecido como o princípio **do tapete rolante.** Desta forma, a superfície total do globo mantém-se inalterada. Isto contrasta com teorias anteriores defendidas antes de o "paradigma" da tectónica de placas, como é por vezes chamado, se tornar o principal modelo científico. Estas teorias propunham um encolhimento (contração) ou expansão gradual do globo terrestre e ainda existem no mundo científico como modelos alternativos.

Existem vários modelos que explicam a forma como as placas se movimentam. As placas tectónicas podem mover-se porque a litosfera da Terra é mais resistente e menos densa do que a astenosfera subjacente. As variações laterais de densidade no manto conduzem à convecção. Pensa-se que o seu movimento ( ) se deve a uma combinação do movimento do fundo do mar para longe da crista de espalhamento (devido a variações na topografia e na densidade da crosta que resultam em diferenças nas forças gravitacionais) e à sucção de arrastamento para baixo nas zonas de subducção. Outra explicação reside nas diferentes forças geradas pela rotação do globo e pelas forças de maré do sol e da lua. A importância relativa de cada um destes factores não é clara e é ainda objeto de debate.

A teoria da tectónica de placas baseia-se num modelo simples da Terra. A litosfera rígida, constituída pela crosta oceânica e continental e pelo manto superior subjacente, é composta por muitas peças de tamanho variável, denominadas placas. As placas variam em espessura; as compostas pelo manto superior e pela crosta continental podem ter até 250 km de espessura, enquanto as compostas pelo manto superior e pela crosta oceânica não têm mais de 100 km de espessura. A litosfera cobre a astenosfera semi-plástica, que é mais quente e mais fraca. Pensa-se que o movimento resultante de um certo tipo de sistema de transferência de calor no interior da astenosfera provoca o movimento das placas sobrejacentes (http://www ucmp.berkeley.edu/geology/tectonics). Quando as placas se deslocam sobre a astenosfera, separam-se, principalmente nas cristas oceânicas; noutras zonas, como as trincheiras oceânicas, colidem e são subduzidas no manto (Fig. 1).

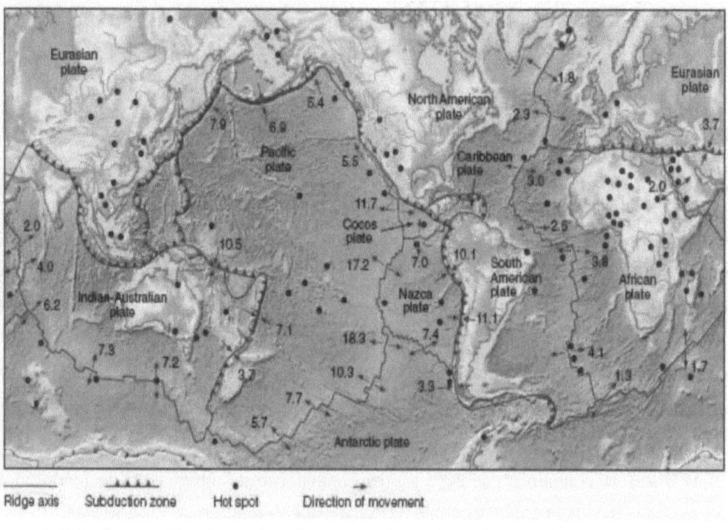

Figura 1: Movimento direcional das placas na origem da deriva continental.
Fonte: *http://www.ucmp.berkeley.edu/geology/tectonics.html.*

Uma forma simples de visualizar o movimento das placas é pensar num tapete rolante que transporta bagagem do porão de um avião para um carrinho de bagagens. O tapete rolante representa as correntes de convecção no manto e a bagagem representa as placas litosféricas da Terra. A bagagem é movida pela correia transportadora até ser despejada no carrinho de bagagens, tal como as placas são movidas pelas células de convecção até serem subduzidas para o interior da Terra. Embora esta analogia permita visualizar o mecanismo de deslocação das placas, é limitada.

A principal limitação reside no facto de, ao contrário da bagagem, as placas serem constituídas por crosta continental e crosta oceânica, que têm densidades diferentes; apenas a crosta oceânica, por ser mais densa do que a crosta continental, é subduzida para o interior da Terra. Como resultado do movimento das placas, todos os continentes se juntaram para formar o supercontinente **Pangea** no final da era Paleozóica. A Pangeia começou a fragmentar-se durante o período Triássico e continua a fragmentar-se, o que explica a atual distribuição dos continentes e das bacias oceânicas. Foi proposto que os supercontinentes, constituídos pela totalidade ou pela maior parte das massas terrestres da Terra, se formam, se desagregam e se reformam num ciclo que dura cerca de 500 milhões de anos.

A hipótese do ciclo dos supercontinentes é uma extensão das ideias do geólogo canadiano J. Tuzo Wilson. No início dos anos 70, Wilson propôs um ciclo que compreende a fragmentação do continente, a abertura e o fecho de uma bacia oceânica e a reconstituição do continente. De acordo com a hipótese do ciclo dos supercontinentes, o calor acumula-se sob um supercontinente porque as rochas dos continentes são maus condutores de calor. A acumulação de calor provoca a formação de cúpulas e fracturas no supercontinente. O magma basáltico que vem de baixo preenche as fracturas. Quando uma fratura cheia de basalto se alarga, começa a diminuir e forma um oceano longo e estreito, como o atual Mar Vermelho. À medida que as placas continuam a afastar-se, acabam por formar uma vasta bacia oceânica, como o Atlântico.

Um dos argumentos mais convincentes para os defensores da hipótese do ciclo dos supercontinentes é a "surpreendente regularidade" da formação de montanhas causada pela compressão durante as colisões continentais. Estes episódios de formação de montanhas ocorrem aproximadamente a cada 400 a 500 milhões de anos e são seguidos por um episódio de rifting cerca de 100 milhões de anos mais tarde. Por outras palavras, um supercontinente parte-se e as suas placas individuais dispersam-se na sequência de um episódio de rifting, forma-se um oceano interior e, em seguida, os fragmentos dispersos voltam a juntar-se para formar outro supercontinente. O ciclo dos supercontinentes é outro exemplo da interdependência dos diferentes sistemas e subsistemas da Terra e da forma como funcionam ao longo de vastos períodos de tempo geológico.

Wegener propôs que todas as massas continentais estavam originalmente unidas num único supercontinente, a que chamou **Pangeia**, do grego que significa "todas as terras". Wegener apresentou o seu grande conceito de movimento continental numa série de mapas que mostram a desagregação da Pangeia e o movimento dos vários continentes até às suas localizações actuais. Wegener acumulou uma quantidade considerável de provas geológicas, paleontológicas e climatológicas em apoio da deriva continental, mas a reação inicial dos cientistas às suas ideias pode ser descrita como mista.

A oposição às ideias de Wegener desenvolveu-se particularmente na América do Norte depois de 1928, quando a Associação Americana de Geólogos do Petróleo organizou um simpósio internacional para examinar a hipótese da deriva continental. Depois de cada uma das partes ter apresentado os seus argumentos, os opositores da deriva continental estavam claramente em maioria, apesar de as provas a favor da deriva continental, muitas das quais provenientes do hemisfério sul, serem impressionantes e difíceis de refutar. O principal problema com a hipótese era a falta de um mecanismo para explicar como os continentes, compostos de rocha granítica, podiam aparentemente mover-se através da crosta oceânica basáltica mais densa. No entanto, o eminente geólogo sul-africano Alexander du Toit desenvolveu os argumentos de Wegener e reuniu mais provas geológicas e paleontológicas em apoio da deriva continental ( ). Publicou **o livro Our Wandering Continents**, no qual comparou os depósitos glaciares do **Gondwana** com depósitos de carvão da mesma idade encontrados nos continentes do hemisfério norte. Para resolver este aparente paradoxo climatológico, du Toit deslocou os continentes do Gondwana em direção ao Pólo Sul e reuniu os continentes do Norte de modo a que os depósitos de carvão se situassem no equador.

A esta massa de terra setentrional deu o nome de **Laurásia**. É constituída pela atual América do Norte, Gronelândia, Europa e Ásia, com exceção da Índia. Apesar das evidências aparentemente esmagadoras, a maioria dos geólogos ainda se recusava a aceitar a ideia de que os continentes se tinham deslocado. Só na década de 1960, quando a investigação oceanográfica forneceu provas convincentes de que os continentes se tinham reunido e depois separado, é que a hipótese da deriva continental foi finalmente aceite por todos (Fig. 2) e que a distribuição das espécies foi também limitada em resultado da deriva continental. A distribuição das espécies é justificada pela descoberta e comparação de restos fósseis de diferentes espécies de diferentes continentes, e as evidências fósseis indicam que o centro de origem dos descendentes da maioria das espécies é o mesmo (Fig. 3). Durante a deriva continental, os continentes partilharam espécies semelhantes, mas adaptaram-se gradualmente e tornaram-se espécies diferentes devido ao isolamento geográfico e à seleção natural.

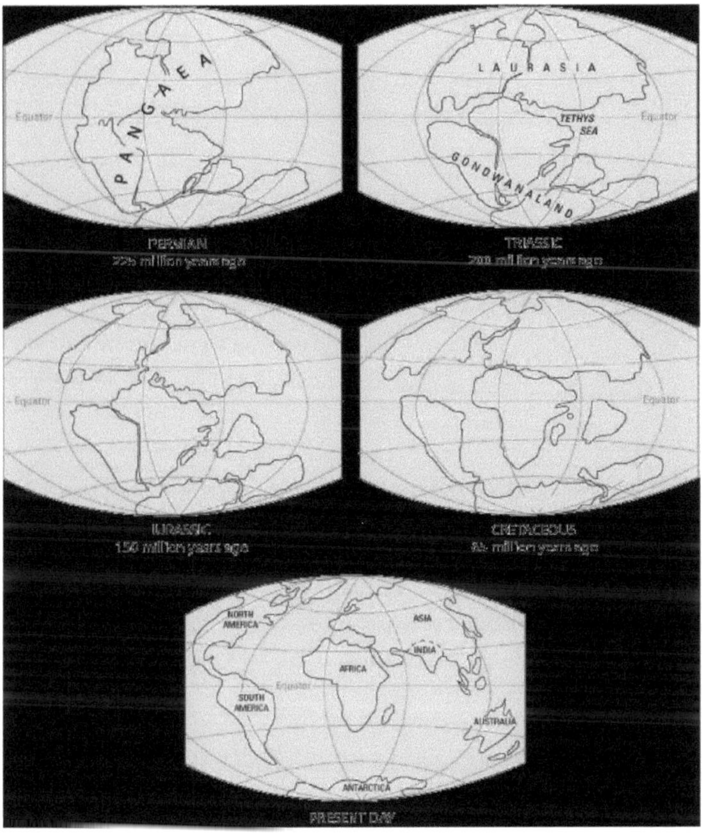

Figura 2. A deriva continental, que contribuiu para a distribuição das espécies em todo o mundo

Fonte : http://www.ucmp.berkeley.edu/geology/tectonics.html

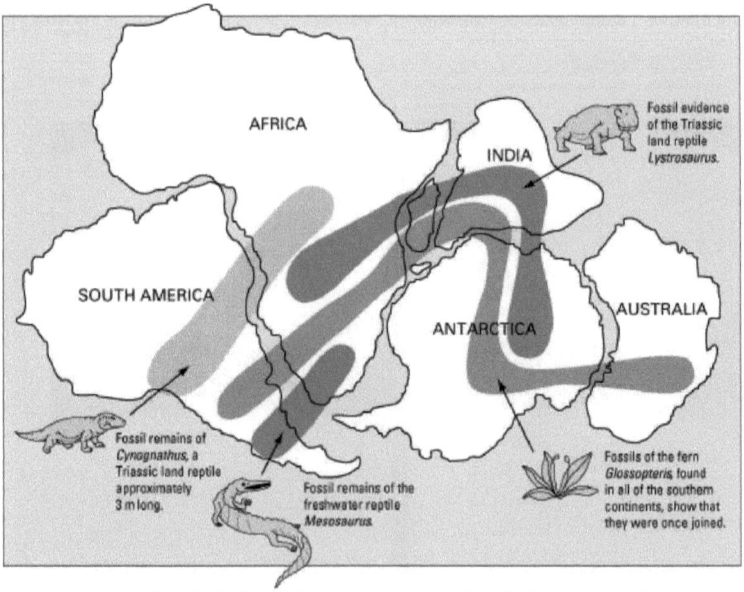

Figura 3. Provas fósseis da distribuição das espécies após a deriva continental

Fonte : *http://www.ucmp.berkeley.edu/geology/tectonics.html*

As espécies fósseis indicam o centro de origem das espécies. Este facto justifica a distribuição das espécies ou a biogeografia das espécies no mundo.

1.4.2 Paleomagnetismo

O interesse pela deriva continental foi reavivado na década de 1950 graças aos resultados dos estudos paleomagnéticos, uma disciplina relativamente nova na altura. O paleomagnetismo é o magnetismo remanescente de rochas antigas, que regista a direção e a intensidade do campo magnético da Terra no momento em que a rocha se formou. A Terra pode ser vista como um íman dipolo gigante cujos pólos magnéticos coincidem essencialmente com os pólos geográficos.

À medida que o magma arrefece, os minerais de ferro magnéticos alinham-se com o campo magnético da Terra, registando a sua direção e intensidade. A temperatura a que os minerais ferrosos adquirem a sua magnetização é designada por ponto de Curie. Desde que a rocha não seja posteriormente aquecida acima do ponto Curie, manterá este magnetismo remanescente. Assim, um fluxo de lava antigo fornece um registo da orientação e intensidade do campo magnético da Terra na altura em que o fluxo de lava arrefeceu.

Quando os geólogos mediram o paleomagnetismo de rochas geologicamente recentes, verificaram que este correspondia geralmente ao campo magnético atual da Terra. O paleomagnetismo das rochas antigas, por outro lado, apresentava orientações diferentes. Por exemplo, estudos paleomagnéticos de fluxos de lava do Siluriano na América do Norte indicam que o Pólo Magnético Norte estava localizado no Oceano Pacífico ocidental nessa altura, enquanto que provas paleomagnéticas de fluxos de lava do Permiano indicam uma localização diferente na Ásia. Representados num mapa, os dados paleomagnéticos de numerosas escoadas lávicas de todas as idades na América do Norte traçam o movimento aparente do pólo magnético, conhecido como deriva polar, ao longo do tempo. Estes dados paleomagnéticos de um único continente podem ser interpretados de três formas:

- o continente manteve-se fixo e o Pólo Magnético Norte deslocou-se
- o Pólo Magnético Norte manteve-se estacionário e o continente moveu-se
- o continente e o Pólo Magnético Norte deslocaram-se

Após uma análise mais aprofundada, os minerais magnéticos dos fluxos de lava do Siluriano e do Permiano na Europa apresentaram uma posição do pólo magnético diferente dos minerais da mesma idade no Norte.

O campo magnético da Terra tem linhas de força como as de um íman em barra. A intensidade do campo magnético varia do equador magnético para os pólos magnéticos. Devido a esta variação de intensidade, uma agulha de mergulho (uma agulha magnética equilibrada na ponta de um suporte de modo a poder mover-se livremente na vertical) é paralela à superfície da Terra apenas no equador magnético, onde a intensidade dos pólos magnéticos norte e sul está em equilíbrio. A sua inclinação em relação à superfície da Terra aumenta à medida que se desloca em direção aos pólos magnéticos, até ficar a 90 graus ou perpendicular à superfície da Terra nos pólos magnéticos.

Os geólogos consideram que o atual campo magnético da Terra é normal, o que significa que os pólos magnéticos norte e sul estão localizados aproximadamente nos pólos norte e sul geográficos. No entanto, em várias ocasiões no passado geológico, o campo magnético da Terra foi completamente invertido. A existência destas inversões magnéticas ( ) foi descoberta através da datação e determinação da orientação do magnetismo remanescente em fluxos de lava na Terra. Uma vez que as inversões magnéticas estavam bem estabelecidas para os fluxos de lava continentais, foram também descobertas inversões magnéticas nas rochas ígneas da crosta oceânica como parte do mapeamento em grande escala das bacias oceânicas durante a década de 1960. Embora a causa das inversões magnéticas seja ainda incerta, a sua presença no registo geológico está bem documentada.

O renovado interesse pela investigação oceanográfica levou a um extenso mapeamento das bacias oceânicas na década de 1960. Esta cartografia revelou a existência de um sistema de cordilheiras oceânicas com mais de 65 000 km de comprimento, constituindo a cadeia montanhosa mais extensa do mundo. A parte mais conhecida deste sistema de cristas é, sem dúvida, a Crista Média Atlântica, que divide a bacia do Oceano Atlântico em duas partes quase iguais, resultado de uma investigação oceanográfica efectuada nos anos 50 sobre os movimentos continentais. Os resultados desta investigação sugerem que os continentes não se movem sobre a crosta oceânica, mas que os continentes e a crosta oceânica se movem em conjunto. A teoria da expansão dos fundos marinhos respondeu assim a uma das principais objecções dos opositores da deriva continental: como é que os continentes se podem mover através da crosta oceânica? De facto, os continentes moviam-se com a crosta oceânica como parte de um sistema litosférico. Por conseguinte, o paleomagnetismo é considerado uma prova da deriva continental e, com ela, das espécies distribuídas por todos os continentes. Isto, por sua vez, é uma prova da biogeografia.

1.4.3 Glaciação

A glaciação ocorreu pelo menos 17 vezes nos últimos 1,6 milhões de anos. A mais recente, a última glaciação, atingiu o seu pico entre 20.000 e 18.000 anos atrás e terminou há cerca de 10.000 anos (Goudie, 1983). As glaciações são seguidas de períodos "interglaciais", durante os quais o gelo dos glaciares recua em resultado do aquecimento global. O período interglaciar prolonga-se geralmente por cerca de 10 000 anos antes de se iniciar o arrefecimento ou a glaciação seguinte. É geralmente aceite que esta atividade cíclica, que se repete a intervalos de cerca de 100.000 anos, é causada por alterações progressivas na rotação, inclinação e órbita da Terra em torno do Sol, que afectam a quantidade de radiação solar que a Terra recebe

(Milankovitch, 1941; Bradley, 1985).

Isto pode ser o resultado de erupções vulcânicas e da presença de cinzas vulcânicas na atmosfera, que causaram arrefecimento ao reduzir a quantidade de radiação solar que chega à superfície da Terra (Lamb, 1970). Foram também sugeridas alterações nas correntes oceânicas, bem como na atividade tectónica, na concentração de dióxido de carbono na atmosfera e na atividade das manchas solares (Goudie, 1983). A glaciação levou à extinção de várias espécies numa dada região ou continente e afectou a distribuição das espécies vegetais e animais ou a biogeografia das espécies.

1.4.4 Alterações climáticas

Um dos princípios fundamentais da biogeografia é que o clima exerce um controlo dominante sobre a distribuição natural das espécies. Os dados fósseis e as tendências recentes mostram que as alterações climáticas têm uma profunda influência na expansão e contração das áreas de distribuição das espécies.

Por conseguinte, prevê-se que as alterações climáticas tenham um impacto significativo na distribuição das espécies. As temperaturas extremas (secas, geadas, glaciares, inundações, etc.) podem afetar a distribuição de uma determinada espécie.

1.4.5 Cobertura geográfica

Cada espécie do nosso planeta ocupa uma área geográfica única onde os membros das suas diferentes populações vivem, se alimentam e se reproduzem. Algumas espécies têm uma distribuição alargada que abrange vários continentes. As espécies com uma distribuição tão alargada são conhecidas como espécies cosmopolitas. Outras espécies podem ter uma distribuição geográfica mais restrita, isoladas numa pequena área de um único continente. Este tipo de distribuição é conhecido como endémico.

As áreas geográficas dos organismos mudam, expandem-se e contraem-se continuamente ao longo do tempo. Estas alterações são o resultado de dois processos opostos: o estabelecimento e a extinção. O estabelecimento de uma espécie ocorre quando os indivíduos colonizam novas áreas e são capazes de manter populações reprodutivamente viáveis. Novos habitats adequados para o estabelecimento podem abrir-se em resultado de alterações ambientais abióticas e bióticas. As espécies tentam sempre alargar a sua distribuição espacial, uma vez que isso aumenta as suas hipóteses de sobrevivência a longo prazo.

A extinção é um processo que elimina os membros de uma espécie de toda ou parte da sua área de distribuição geográfica. A extinção ocorre quando um grande número de indivíduos de uma espécie é eliminado por interações bióticas ou alterações ambientais abióticas. As extinções limitadas que ocorrem em pequenas sub-regiões da área de distribuição de uma espécie são geralmente bastante comuns.

1.4.6 Dispersão e colonização

Muitos organismos na Terra têm a capacidade de se mover. Este movimento pode ser conseguido por meios passivos ou activos. O movimento ativo requer que o organismo utilize um apêndice para andar, correr, voar ou nadar. No caso do movimento passivo, o organismo utiliza uma força externa para provocar o movimento. Muitas plantas utilizam o vento de forma passiva para dispersar as suas sementes a distâncias relativamente longas. As larvas de ostra podem viajar centenas de quilómetros utilizando a força das correntes oceânicas.

A dispersão permite que os organismos escapem à influência competitiva dos seus progenitores, irmãos e outras espécies. Idealmente, um organismo que se dispersa gostaria de encontrar um local onde os recursos de que necessita para sobreviver são abundantes e onde a competição por esses recursos por parte de indivíduos da mesma espécie e de outras espécies é mínima.

A dispersão envolve também uma grande dose de descoberta. Ao encontrar novos habitats adequados, os indivíduos aumentam a área geográfica e o domínio espacial da sua espécie. As espécies com uma área de distribuição alargada têm menos probabilidades de se extinguirem. A maioria dos factores causais que levam à morte de indivíduos actua a escalas espaciais específicas. Se a distribuição da espécie exceder esta escala, algumas partes da sua população não serão afectadas. Além disso, uma grande área de distribuição é acompanhada por uma maior variação nos tipos de habitat e na genética das espécies associadas. Os mecanismos bióticos ou abióticos susceptíveis de matar indivíduos actuam frequentemente em tipos de habitat específicos. Consequentemente, a possibilidade de ocupar uma gama de tipos de habitat, devido a uma maior variação genética, oferece à espécie a possibilidade de se refugiar em zonas seguras em caso de dificuldades. Uma vez disperso, um indivíduo pode tentar colonizar um novo local. Para que esta colonização seja bem sucedida, o novo sítio deve proporcionar todas as condições abióticas e bióticas necessárias à sobrevivência. A perturbação pode ser definida como qualquer processo que perturbe um ecossistema, uma comunidade ou uma população de espécies, modificando a disponibilidade de recursos, as interações bióticas ou as condições físicas. A perturbação conduz frequentemente à morte prematura de indivíduos. Factores como a predação, as variações climáticas, os terramotos, os vulcões, os incêndios e até o impacto de uma simples gota de chuva podem conduzir a perturbações. Estas perturbações provocam a migração ou a dispersão permanente das espécies, dando origem a uma distribuição das espécies.

1.4.7 Factores bióticos

Os factores bióticos, como a predação, as doenças e a competição por recursos como os alimentos, a água e os parceiros, também podem influenciar a distribuição das espécies em todo o mundo. Um fator biótico é qualquer comportamento de um organismo que afecta outro organismo, como um predador que consome a sua presa. Por exemplo, os factores bióticos no ambiente de uma codorniz incluem as suas presas (insectos e sementes), a concorrência de outras codornizes e predadores como os coiotes. A vantagem de uma distribuição em bando, comunidade ou outro grupo permite que uma população detecte os predadores mais cedo e a uma maior distância, e que monte uma defesa eficaz. Devido aos recursos limitados, as populações podem ser distribuídas uniformemente para minimizar a competição, como nas florestas, onde a competição pela luz solar produz uma distribuição uniforme das árvores.

As espécies em interação têm uma influência considerável na dimensão das respectivas populações, porque quando entram em competição, uma delas força a outra a abandonar o habitat. A influência das interações bióticas pode ser exercida a dois níveis diferentes. Os efeitos interespecíficos são interações diretas entre espécies e os efeitos intra-específicos são interações entre indivíduos da mesma espécie.

A competição feroz por recursos limitados leva à dispersão das populações, o que significa que as espécies se deslocam constantemente para outros locais, ficam isoladas e, com o tempo, dão origem a novas espécies. Outro fator biótico é o fator antropogénico, que desloca deliberadamente o plasma genético de uma espécie de uma parte do mundo para outra, que se isola e dá origem a novas espécies.

2. Classificação taxonómica do hipopótamo *(Hippopotamus amphbius)*

Reino: Animalia

Filo: Chordata

Classe: Mamíferos

Ordem: Artiodáctilo

Família: Hippopotamidae

Género: *Hipopótamo*

Espécie : *amphbius*

As duas espécies de hipopótamos existentes são *Hippopotamus amphibus e Hippopotamus Choeropsis liberiensis* (Linnaeus, 1758).

O hipopótamo é o género da família *Hippopotamidae*. O hipopótamo pigmeu pertence a outro género de *Hippopotamidae*, *Choeropsis* ou *Hexaprotodon* (Fig. 4). Os Hippopotamidae são por vezes conhecidos como Hippopotamidae. A subfamília Hippopotaminae é por vezes utilizada. Além disso, alguns taxonomistas agrupam os hipopótamos e os antracotérios na superfamília *Anthracotheroidea* ou *Hippopotamoidea*.

Foram descritas cinco subespécies de hipopótamos com base em diferenças morfológicas nos seus crânios e em diferenças geográficas:

- *H. a. amphibius* - (a subespécie designada) que se estendia do Egito, onde está agora extinta, para sul, subindo o Nilo até à Tanzânia e Moçambique.
- *H. a. kiboko* - no Corno de África, Quénia e Somália. *Kiboko* é a palavra suaíli para hipopótamo. As narinas são mais largas e a região inter-orbital mais profunda.
- *H. a. capensis* - da Zâmbia à África do Sul. O crânio mais achatado das subespécies.
- *H. a. tschadensis* - em toda a África Ocidental até ao Chade, como o próprio nome indica. face ligeiramente mais curta e larga, com órbitas oculares proeminentes.
- *H. a. constrictus* - encontrado em Angola, no sul da República Democrática do Congo e na Namíbia, batizado pela sua constrição pré-orbital mais profunda.

As subespécies sugeridas nunca foram amplamente utilizadas ou validadas por biólogos de campo; as diferenças morfológicas descritas eram suficientemente pequenas para serem o resultado de uma simples variação em amostras não representativas. As análises genéticas verificaram a existência de três destas supostas subespécies. Um estudo que examinou o ADN mitocondrial de biópsias de pele recolhidas em 13 locais de amostragem investigou a diversidade genética e a estrutura das populações de hipopótamos em todo o continente. Os autores encontraram uma diferenciação genética fraca mas significativa entre *H. a. amphibius, H. a. capensis* e *H. a. kiboko.* Nem *H.a.tschadensis* nem *H.a.constrictus* foram testados.

Nada menos do que três espécies de hipopótamos malgaxes foram extintas durante o Holoceno em Madagáscar, uma delas nos últimos 1.000 anos. Os hipopótamos malgaxes eram mais pequenos do que os hipopótamos modernos, provavelmente devido ao processo de nanismo insular. As provas fósseis mostram que muitos hipopótamos malgaxes foram caçados por humanos, o que provavelmente contribuiu para a sua extinção. Membros isolados de hipopótamos malgaxes podem ter sobrevivido em bolsas isoladas; em 1976, os aldeões descreveram um animal vivo chamado Kilopilopitsofy, que pode ter sido um hipopótamo malgaxe.

Duas espécies distintas de hipopótamos, o hipopótamo europeu *(H. antiquus)* e o hipopótamo *Gorgops*, viveram na Europa continental e nas Ilhas Britânicas. Ambas as espécies foram extintas antes da última idade do gelo. Os antepassados dos hipopótamos europeus chegaram a muitas ilhas do Mediterrâneo durante o Pleistoceno. Ambas as espécies eram maiores do que o hipopótamo moderno, com um comprimento médio de cerca de 1 metro.

O Pleistoceno assistiu igualmente à evolução de um certo número de espécies anãs em várias ilhas mediterrânicas, nomeadamente em Creta *(H. creutzburgi),* Chipre *(H. minor),* Malta *(H. melitensis~)* e Sicília *(H. pentlandi).* O hipopótamo anão de Chipre sobreviveu até ao final do Pleistoceno ou ao início do Holoceno. As evidências de um sítio arqueológico, Aetokremnos, continuam a suscitar o debate sobre se a espécie foi ou não encontrada e se foi levada à extinção pelo homem. No entanto, a taxonomia e a evolução do hipopótamo comum *(H. amphbius)* e do hipopótamo pigmeu *(H. liberiensis) são* apresentadas na (Fig. 4).

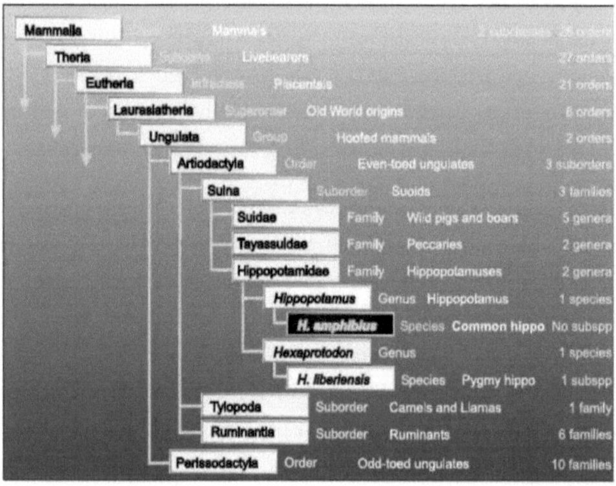

Figura 4: Taxonomia e evolução do hipopótamo comum *(H. amphibious)* e do hipopótamo pigmeu. **Fonte**: *(H.liberinesis). http://www.nnf.org.na/.../InfoSys/Hippo/.../Hip_Taxon&Physical.htm.*

3. Biogeografia e número de hipopótamos

Um género exclusivamente africano durante o Holoceno, *o Hippopotamus* foi comum na Europa durante a maior parte do Pleistoceno (especialmente na parte ocidental), onde ocorre em centenas de localidades paleontológicas. O género esteve presente no sul, centro e oeste da Europa no início e no meio do Pleistoceno, mas depois recuou para sul (penínsulas Ibérica, Italiana e Balcânica) até ao final do Pleistoceno médio. No final do Pleistoceno, os hipopótamos estavam de novo presentes na Europa Ocidental, chegando até ao norte de Inglaterra. Em geral, a sua área biogeográfica expandiu-se para norte durante os períodos interglaciais e contraiu-se em direção aos refúgios meridionais durante os períodos glaciais. A população europeia entrou em declínio e acabou por se extinguir durante a última idade do gelo. As formas mais antigas (do início ao meio do Pleistoceno), geralmente conhecidas como *Hippopotamus antiquus*, eram muito grandes. As formas posteriores (geralmente após o Pleistoceno Médio) eram mais pequenas, comparáveis em tamanho à recente espécie africana *H. amphibious*. Foram também propostas várias outras espécies, como *H. incognitas (*Faure, 1984) e *H. tiberinus (*Mazza, 1991), com base em caraterísticas anatómicas do crânio ou do esqueleto pós-craniano, embora estas não sejam geralmente aceites sem reservas (Mazza, 1995; Petronio, 1995). Outros autores consideram que todos os hipopótamos europeus do Pleistoceno pertencem à espécie existente *H. amphibius*, que evoluiu gradualmente e dentro da qual reconhecem duas subespécies (*H. amphibius antiques* e *H. amphibius amphibius).* Dado que a taxonomia do género ao nível da espécie ou da subespécie ainda é debatida, o esquema taxonómico das duas espécies (*antiques amphibius*) é provisoriamente aceite no presente estudo, seguindo Petronio (1995).

O hipopótamo não endémico já é conhecido de vários sítios na Grécia, mas é representado principalmente por alguns achados fragmentários em cada sítio. Os sítios mais ricos estão situados na bacia de Megalopolis, Megalopolis e Kyparissia (dados pessoais) e na gruta de Dyros (Petrochilos, 1958; Giannopoulos, 2000; Symeonidis e Giannopoulos, 2001). A presença de espécies de *hipopótamos* foi também registada em 1904 em Panagia Heria, em Evia, juntamente com um conjunto do Miocénico tardio, o que torna esta determinação bastante duvidosa. Numa publicação posterior sobre as faunas miocénicas da ilha, o género não é incluído nas listas faunísticas. *O hipopótamo* endémico *H. creutzburgi (*Boekschoten & Sondaar, 1966) é atualmente conhecido de vinte localidades em Creta (Lax, 1996; Iliopoulos, *et al.,* 2010), a mais importante das quais se situa na bacia montanhosa de Katharo-East, em Creta (Boekschoten & Sondaar,

1966).

Os molares de *Hippopotamus* mudaram muito pouco durante a evolução do género e, por isso, a sua morfologia não é taxonomicamente diagnóstica. No entanto, o contorno trapezoidal dos molares foi considerado específico de *H. antiques*. Os fósseis dentários conservados no Museu da Grécia justificam a ampla distribuição das espécies de hipopótamos na Europa, apesar de estarem atualmente extintas (Fig. 5). Isto indica que as espécies de hipopótamos foram outrora distribuídas por todo o mundo, mas estão agora restritas a África em resultado das alterações climáticas, que estão a conduzir a uma escassez de habitats de água doce.

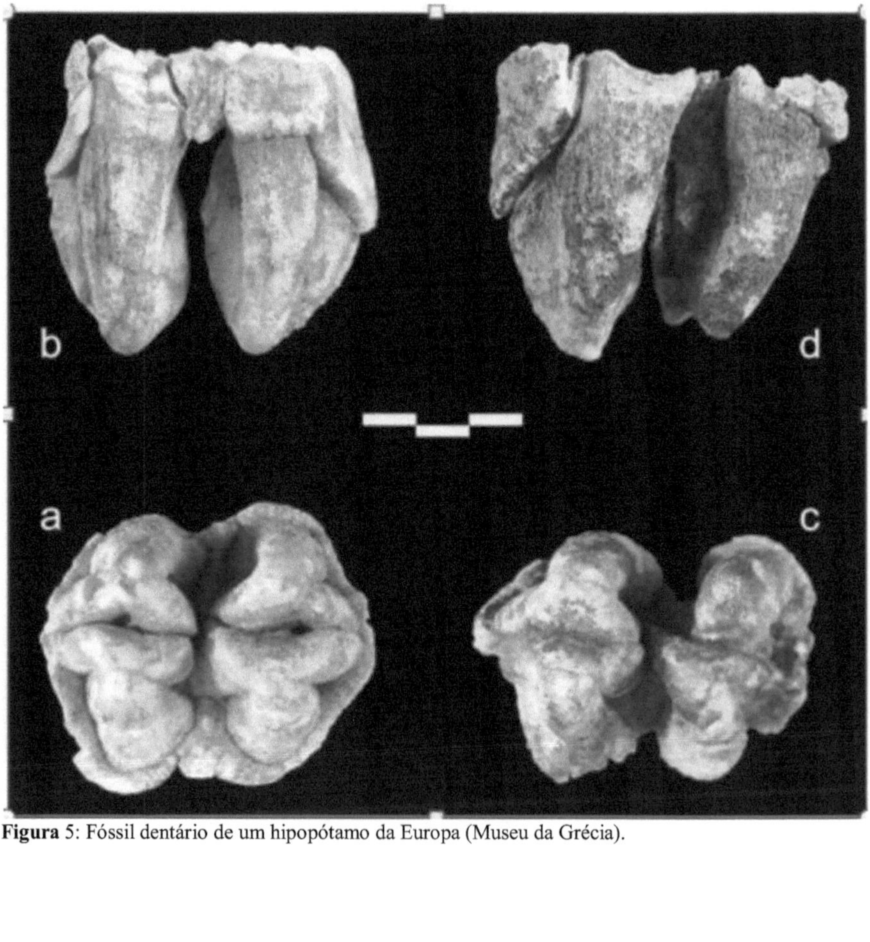

Figura 5: Fóssil dentário de um hipopótamo da Europa (Museu da Grécia).

Fonte: *http://www. users.uoa.gr/~aathanas/PDF/49.pdf.*

Historicamente, o hipopótamo comum ocupava uma vasta área em África e era considerado abundante. A distribuição atual do hipopótamo em África é ilustrada na (Fig. 6). Embora a espécie ainda esteja amplamente presente em todo o continente, a sua dispersão é irregular. O HSG estimou a população total em África em cerca de 157.000 animais, dos quais 7.000 na África Ocidental, 70.000 na África Oriental e 80.000 na África Austral (Eltringham, 1993). Estas estimativas baseavam-se em questionários e não estavam disponíveis informações relativas a vários países, incluindo Angola. As estimativas mais recentes do HSG (2004) diferem muito pouco destas e situam a população continental entre 130.000 e 155.000. Com exceção da população da Zâmbia, que parece estar a aumentar, os hipopótamos estão estáveis ou em declínio em todos os países. Na África Ocidental, os hipopótamos existem em populações pequenas e isoladas e são mais abundantes em habitats estuarinos e nas zonas baixas dos rios, com alguns no mar.

Os maiores números encontram-se na Guiné, Guiné-Bissau e Senegal (7.000). O grupo de países que inclui a Costa do Marfim, o Gana, o Togo, o Benim e o Burkina Faso tem talvez 2.000 hipopótamos, a Nigéria e o Níger 500, e os Camarões, a República Centro-Africana, a Guiné Equatorial, o Gabão e o Congo provavelmente não mais de 2.500 no total.

Na África Oriental, foram efectuados estudos em vários países. As estimativas relativas à Reserva de Selous, na Tanzânia, foram de 15 483 em 1986, 24 169 em 1989 e 20 589 em 1990 (Games, 1990). Vários milhares de hipopótamos estão presentes noutros locais da Tanzânia. No Uganda, as principais concentrações encontram-se nos parques nacionais Queen Elizabeth (Ruwenzori) e Murchison Falls. No início da década de 1950, a população do Parque Queen Elizabeth era de 21.000 animais, mas foi reduzida para cerca de 14.000 por abate. A população foi ainda mais reduzida devido à caça ilegal intensiva durante o regime de Idi Amin e, em 1989, estava reduzida a cerca de 2 000 animais. A população das cataratas de Murchison sofreu um destino semelhante, e os números são atualmente semelhantes aos do Parque Rainha Isabel.

O maior número de hipopótamos na África Oriental encontrava-se no leste do Zaire, cerca de 30.000 em 1993, mas HSG (2004) estima que o seu número atual se situa entre 2.000 e 4.000. A Etiópia e o Sudão podem albergar 10.000 hipopótamos. A África Austral alberga o maior número de hipopótamos do continente, com 80.000 animais. A maior parte da população encontra-se numa faixa que se estende pela região entre as latitudes 15° e 25° a sul do equador. Com o desenvolvimento de áreas de conservação transfronteiriças, as subpopulações dos países desta zona poderiam formar uma única população contínua em todo o continente (Fig. 6).

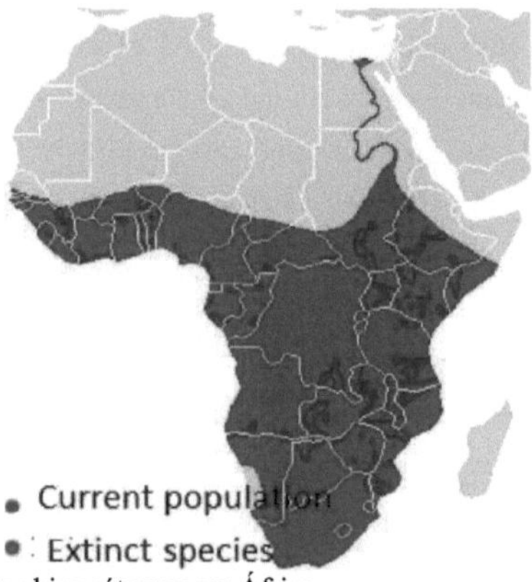

Figura 6. Distribuição dos hipopótamos em África

Fonte : *http://www.en.wikipedia.org/wiki/Hippopotamus*

Em Moçambique, apesar dos distúrbios civis dos anos 80 e 90, um número surpreendente de hipopótamos parece ter sobrevivido. HSG (1993) estimou a população total do país entre 16.000 e 20.500.

No Malawi, a população de hipopótamos está estimada em cerca de 10.000 indivíduos. **Na Zâmbia**, há provavelmente mais hipopótamos, cerca de 40.000. **Em Angola,** Shortridge (1934) referiu que o número de hipopótamos tinha diminuído devido à guerra civil. No **Botswana**, com exceção do norte do país, a maior parte do Botswana é demasiado seca para os hipopótamos. Calcula-se que existam cerca de 1.600 hipopótamos. No **Zimbabué,** os hipopótamos podem ser encontrados na maior parte dos grandes rios. HSG (1993) estimou o número de hipopótamos em 6.900, dos quais 5.530 se encontram em parques ou reservas nacionais, 1.020 em terras comunais e 350 noutros locais.

Shortridge (1934) faz um relato intrigante da distribuição inicial e do desaparecimento dos hipopótamos na África do Sul. Em 1652, os hipopótamos estavam presentes no pântano que é atualmente a Praça da Igreja, na Cidade do Cabo, e eram comuns nas Cape Flats. Na década de

1700, ainda eram abundantes nos arredores da Cidade do Cabo e foram registados nos rios Gamtoos e Krom, perto de Humansdorp, nos rios Fish e Sunday, a leste de Port Elizabeth, e no rio Kei, na ponta do Cabo Oriental.

Os hipopótamos estão atualmente confinados ao nordeste do país, principalmente no Transvaal e na ponta norte do Natal. O maior número de hipopótamos encontra-se no Parque Nacional Kruger, em rios perenes, barragens e piscinas fluviais sazonais. O total registado no parque em 1989 foi de 2.761, dos quais 2.575 em rios e 191 em barragens e charcos. No entanto, o HSG (2004) estima que a população atual de hipopótamos na África do Sul se situa entre 3.000 e 5.000 indivíduos.

Na Namíbia, parece que as condições eram mais húmidas há dois séculos do que são atualmente. Foram encontradas presas de hipopótamo nos rios Kuiseb e Swakop e, em 1925, a população local recordou a presença de hipopótamos nestes dois rios quando estes retinham água durante todo o ano e a vegetação era mais luxuriante (Shortridge, 1934). É até possível que houvesse hipopótamos na região de Windhoek quando havia grandes áreas de água aberta permanente no século XIX.

A atual aridez da Namíbia limita a distribuição potencial do hipopótamo aos principais rios perenes, que estão todos localizados nas fronteiras do país.

Shortridge (1934) notou que alguns hipopótamos ainda sobreviviam no baixo Cunene e referiu-se a uma contagem de 14 animais em 1925. Ele duvidava que mais de uma dúzia de hipopótamos permanecessem entre as Quedas de Ruacaná e a foz do Cunene. Joubert & Mostert (1975) afirmam que os únicos hipopótamos presentes no Cunene eram em número de 4 a 6.

3.1 Alojamento

Os hipopótamos estão confinados à África. Historicamente, foram encontrados em toda a África subsariana onde as condições são favoráveis, ou seja, onde há água e pastagens abertas. O seu limite superior de altitude é de cerca de 2000 m. Os hipopótamos reúnem-se em fontes de água permanentes ou galerias durante a estação seca e dispersam-se amplamente durante a estação das chuvas (Eltringham, 1999). A escolha do habitat dos hipopótamos é influenciada pela natureza das margens ou do leito dos lagos e rios, bem como pela profundidade e fluxo da água. A maior parte dos grupos de hipopótamos encontra-se em praias relativamente firmes e ligeiramente inclinadas e em águas calmas, onde os hipopótamos podem ficar de pé e ajoelhar-se no fundo e aproximar-se da superfície da água para respirar e onde as crias podem ser amamentadas facilmente (Eltringham, 1999).

3.2 Dieta

Os hipopótamos são herbívoros fermentadores do intestino anterior, sendo a grande maioria da sua alimentação constituída por gramíneas, embora algumas plantas de folha larga sejam inevitavelmente ingeridas incidentalmente (Eltringham, 1999). Foram designados "pseudo-ruminantes" porque, embora tenham um estômago com quatro cavidades, não ruminam. Não existe ceco. Os hipopótamos colhem a erva apenas com os seus lábios largos e fortes e não com os dentes da frente, que não desempenham qualquer papel na alimentação.

Os hipopótamos também comem por vezes plantas aquáticas, como plantas flutuantes e vários tipos de caniço (Eltringham, 1999). Por vezes também comem folhas, cascas ou frutos que caíram das árvores (Kingdon, 1979).

Os hipopótamos são noturnos e passam a noite a pastar. As áreas de pastagem podem estar a alguma distância da água e os hipopótamos têm por vezes de caminhar vários quilómetros para as alcançar. Parece que os hipopótamos se alimentam durante períodos relativamente curtos de cada vez e descansam no intervalo, provavelmente para permitir a digestão. Se estiverem a alguma distância da água, podem descansar debaixo de um arbusto, mas se estiverem suficientemente perto da sua casa, regressam simplesmente à água ou ao chafurdo para descansar (Eltringham, 1999).

3.3 Reprodução

As hipopótamos fêmeas atingem a maturidade sexual aos cinco ou seis anos de idade e têm um período de gestação de oito meses. Um estudo dos sistemas endócrinos revelou que as hipopótamos fêmeas podem iniciar a puberdade logo aos 3 ou 4 anos de idade. Os machos atingem a maturidade por volta dos 7,5 anos de idade.

Um estudo sobre o comportamento reprodutivo dos hipopótamos no Uganda mostrou que o pico de concepções ocorre no final da estação das chuvas, no verão, e que o pico de nascimentos ocorre no início da estação das chuvas, no final do inverno. Isto deve-se ao ciclo de estro da fêmea; tal como acontece com a maioria dos grandes mamíferos, os espermatozóides dos hipopótamos machos estão activos durante todo o ano. Estudos efectuados com hipopótamos na Zâmbia e na África do Sul mostraram também que os nascimentos ocorrem no início da estação das chuvas. Depois de engravidar, uma fêmea de hipopótamo geralmente não começa a ovular novamente durante 17 meses (http://www.gov/servlet/singleRpt).

O acasalamento tem lugar na água, com a fêmea submersa durante a maior parte do encontro, emergindo a cabeça periodicamente para respirar. Os hipopótamos são um dos poucos mamíferos que dão à luz debaixo de água, juntamente com os cetáceos e os sirénios (manatins e dugongos). Os hipopótamos bebés nascem debaixo de água. Pesam entre 25 e 45 kg e medem em média 127 cm, tendo de nadar até à superfície para respirar pela primeira vez. A mãe dá à luz apenas um hipopótamo, embora por vezes nasçam gémeos. As crias descansam frequentemente nas costas da mãe quando a água é demasiado profunda para elas e nadam debaixo de água para mamar. Também podem mamar em terra quando a mãe sai da água. O desmame começa entre seis e oito meses após o nascimento e a maioria das crias está completamente desmamada no espaço de um ano.

Tal como muitos outros mamíferos de grande porte, os hipopótamos são descritos como sendo **K-estrategas**. Neste caso, produzem geralmente uma única cria grande e bem desenvolvida de dois em dois anos, em vez de um grande número de crias pequenas e pouco desenvolvidas várias vezes por ano, como acontece frequentemente em pequenos mamíferos como os roedores (http://www.gov/servlet/single Rpt).

4. Origem, história evolutiva e registo fóssil do hipopótamo

A origem dos Hippopotamidae foi objeto de investigação durante mais de um século e meio, mas no início do século XXI continua a ser objeto de um debate aceso. Depois de se ter verificado que os paquidermes, que ligam grupos divergentes de mamíferos com base na sua pele espessa e nos quais os hipopótamos foram outrora classificados, não constituíam um grupo natural ou clado, a família Hippopotamidae foi incluída na ordem Artiodactyla devido aos seus acrópodes de dedos pares, A família Hippopotamidae foi incluída na ordem Artiodactyla devido aos seus acrópodopos com dedos pares, ao seu talus com duplo entalhe, aos seus côndilos occipitais carenados e à presença de uma dentição trilobada na dentição de leite, e, de um modo geral, na subordem Suiformes, devido à anatomia suína do seu talo, aos seus dentes bunodontes e ao seu sistema digestivo não ruminante (Lydekker, 1883).

Trabalhos moleculares recentes estimularam o interesse por esta família, uma vez que as análises sugerem que os hipopótamos têm assinaturas moleculares mais próximas das das baleias do que das de outros artiodáctilos, incluindo outros Suiformes. O longo debate sobre as origens dos hipopótamos é sustentado pela incerteza persistente sobre a monofilia da ordem Artiodactyla. O debate foi animado, embora não tenha sido formulado nos mesmos termos que usaríamos atualmente. No entanto, grande parte da literatura da época revela que muitos artiodáctilos fósseis não se enquadravam nas duas subordens amplamente aceites - Suiformes e Ruminantia - nas quais as formas existentes podiam ser classificadas. Por esta razão, os investigadores tendiam a procurar provas que ligassem os seus fósseis quer aos Ruminantia quer aos Suiformes (Lydekker, 1883), que durante algum tempo foram atribuídos aos Artiodactyla, já não são reconhecidos como válidos - géneros como *Cebochoerus*, outrora classificados neles, foram absorvidos pelos Suiformes. A maioria dos autores classificou os Hippopotamidae nos Suiformes, distinguindo-os claramente dos Ruminantia pela morfologia da talária, entre outras caraterísticas (dentição, morfologia craniana, estômago não ruminante).

A história das interpretações dos Artiodactyla é extremamente complicada porque esta ordem é rica em espécies, tem um longo registo fóssil (55 milhões de anos) e está geograficamente espalhada por todos os continentes, exceto na Antárctida e na Austrália (Matthew, 1915). Desde a chegada dos biólogos moleculares, a diversidade das interpretações aumentou.

O hipopótamo *(Hippopotamus amphibious* Linnaeus, 1758) evoluiu com outros mamíferos com vida (Theria) a partir dos Cynodonts (répteis semelhantes a mamíferos) do período Triássico (225-195 milhões de anos atrás). Os primeiros a divergir do tronco foram os mamíferos que põem ovos (Monotremes) durante a era Jurássica. No início do Cretáceo (há cerca de 100 milhões de anos), os Theria divergiram em três grupos principais, um dos quais era o dos Marsupiais. Os outros dois tornaram-se os mamíferos placentários (Eutheria). A massa de terra meridional de Gondwana ficou isolada do continente setentrional nesta altura e os Atlantogenata (o grupo afro-árabe, incluindo Afrotheria e Xenarthrans) evoluíram separadamente do grupo setentrional de Laurasiatheria, Glires e Euarchonta. Os dois últimos grupos divergiram de Laurasiatheria em meados do Cretáceo. Outras divergências ocorreram entre os Laurasiatheria antes do final do Cretáceo, sendo a primeira a separação dos pangolins e dos carnívoros, seguida dos Perissodactyla (ungulados de dedos ímpares) e dos morcegos. Os progenitores dos Artiodactyla modernos (ungulados de dedos pares) separaram-se dos cetáceos (baleias e golfinhos) antes do início do Paleoceno.

Dentro da ordem Artiodactyla, as subordens Tylopoda (camelos e lamas) e Ruminantia (ruminantes) separaram-se da subordem Suina em meados do Eoceno (34 a 55 milhões de anos atrás), seguidas pelos Suidae (porcos) e Tayassuidae (queixadas). Os primeiros antepassados reconhecíveis do hipopótamo remontam ao Mioceno (Smithers 1983) e é possível que *o Hippopotamus* e o *Hexaprotodon* (o hipopótamo pigmeu, um género por direito próprio) tenham divergido nesta altura. Atualmente, não é reconhecida nenhuma subespécie de *Hippopotamus*, embora Lydekker (1915) tenha enumerado cinco e outros quatro.
Atualmente, os hipopótamos são representados por apenas dois géneros monotípicos, Hippopotamus e Hexaprotodon, e estão restritos a África (Fig.7).

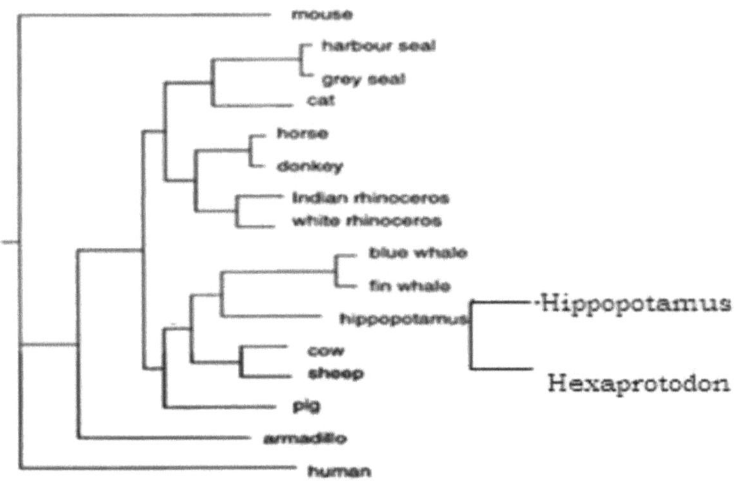

Figura 7. As duas espécies de hipopótamos existentes.

Fonte: *http://www.bioone.org/doi/full.*

A maior e mais amplamente distribuída espécie de hipopótamo na África subsariana é o *H. amphibius, o* hipopótamo comum. A espécie mais pequena e menos difundida é o *Hexaproton liberiensis*, o hipopótamo pigmeu, atualmente conhecido apenas da Guiné-Bissau, Guiné, Libéria e Costa do Marfim (Eltringham, 1999). Uma população pequena, isolada e possivelmente extinta é também conhecida da Nigéria (Kingdon, 1989).

Os hipopótamos modernos são únicos entre os mamíferos terrestres devido à sua total dependência de água permanente para os seus locais de vida. A distribuição de ambas as espécies em África segue de perto o curso dos rios e as margens dos lagos (Kingdon, 1979; Eltringham, 1993). O hipopótamo comum habita os rios num ambiente aberto, passando o dia na água mas saindo à noite para pastar e procurar comida em terra, muitas vezes a vários quilómetros da água (Eltringham, 1993). Em rios como o Limpopo, que faz fronteira com a África do Sul e o Zimbabué, os hipopótamos comuns ocupam os maiores charcos permanentes, subindo e descendo o rio durante a época das cheias e regressando a esses charcos quando as águas das cheias baixam (Smithers, 1971). As crias nascem durante os meses de grande pluviosidade (cheias) (Eltringham, 1999), quando a vegetação ao longo das margens é luxuriante e abundante, permitindo às fêmeas alimentarem-se perto do rio com toda a segurança. Em geral, os hipopótamos comuns são mais numerosos em rios largos e lentos do que em rápidos e zonas rochosas. Preferem zonas de águas calmas e relativamente pouco profundas, com praias suavemente inclinadas onde os animais se podem deitar semi-submersos e dormir, e onde as crias podem mamar sem nadar (Olivier e Laurie, 1974). Sabe-se que os hipopótamos comuns migram longas distâncias dentro dos sistemas fluviais e, ocasionalmente, por terra, durante a estação seca, para alcançarem cursos de água com profundidade suficiente. Os animais sofrem muito durante as secas, com uma mortalidade elevada atribuída aos efeitos combinados de rios secos, charcos e falta de alimentos nas proximidades (Sidney, 1965).

4.1 A sazonalidade da precipitação e o volume do rio previram a ocorrência de fósseis de Hexaprotodon

As relações evolutivas e a história biogeográfica dos hipopótamos são relativamente bem compreendidas, graças à sua anatomia cranio-dentária distinta e à sua preservação comum em depósitos fósseis do Terciário e do Quaternário no Velho Mundo. As origens dos Hippopotamidae não são claras, mas os dados moleculares mostraram que, entre os mamíferos vivos, os hipopótamos são os mais estreitamente relacionados com as baleias e formam um grupo irmão com elas. Estima-se que os antepassados dos Hippopotamidae (provavelmente membros da família Anthracotheriidae) e as baleias actuais tenham partilhado um antepassado comum pela última vez há cerca de 54 milhões de anos (Ursing e Arnason, 1998). Os fósseis de hipopótamos verdadeiros foram detectados pela primeira vez nos depósitos de Kulu Warega no início do Mioceno na ilha de Rusinga, no Quénia (Coryndon, 1978), e considera-se que a família teve um centro evolutivo no final do Neogénio em África (Kahlke, 1990).

De um ponto de vista morfológico, os hipopótamos asiáticos parecem estar mais próximos do hipopótamo pigmeu moderno do que do hipopótamo comum, daí o nome do género Hexaprotodon. A data da divisão do Hexaprotodon em duas linhagens, africana e asiática, não pode ser determinada com exatidão a partir dos fósseis e dos dados geocronológicos, mas parece ter ocorrido no final do Mioceno.

Em África, a ocorrência mais antiga de um hipopótamo hexaprotodonte bem definido foi em Lothagam, no oeste do Quénia, há cerca de 6 milhões de anos (Coryndon, 1978). As primeiras ocorrências bem documentadas de Hexaprotodon na Ásia provêm do Nepal e do Paquistão, onde parecem ser contemporâneas das descobertas africanas. A primeira aparição de *H. sivalensis* na sequência Siwalik do norte do Paquistão ( ) está datada de há 5,9 milhões de anos, com uma presumível primeira aparição há 6,1 milhões de anos (Barry *et al.*, 2002).

O H. sivalensis foi também reconhecido em camadas fósseis das colinas Siwalik do norte da Índia e em vários locais mal datados do Neogénico tardio e do Pleistoceno inicial na Índia central (rio Narmada), no centro e no sul de Myanmar (formação Irrawaddy), no sudoeste da China (província de Yunnan), no Sri Lanka, no oeste da Tailândia, na Malásia e na ilha de Java (Kahlke, 1990).

A última aparição de *H. sivalensis* nos Siwaliks paquistaneses está firmemente datada de há 3,5 milhões de anos, mas a espécie pode ter persistido até 2,2 milhões de anos (Barry *et al.*, 2002). No Nepal, a última aparição de *H. sivalensis* nos depósitos Siwalik não está ainda documentada com exatidão, mas o taxon pode ter persistido mais tempo do que no Paquistão; a espécie é também conhecida dos depósitos Plio-Pleistocénicos do Vale de Katmandu. Na sequência bem datada do Pliocénico das formações Samwal e Kakra do Anticlíneo Mangla-Samwal no Paquistão, *H. sivalensis* é um componente comum da fauna com mais de 2,56 milhões de anos, mas é raro em leitos com menos de 2,40 milhões de anos (Hussain *et al.*, 1992).

O seu desaparecimento da formação Samwal superior do Plioceno tardio foi interpretado como sendo devido à transição de rios de grande escala para rios de pequena escala e ao desaparecimento de água doce permanente (Hussain *et al.*, 1992). O último período glaciar do Pleistoceno assistiu ao desaparecimento de todos os hipopótamos asiáticos, tendo as últimas populações interglaciais sido encontradas na Índia central (cidade de Jabalapur, Estado de Madhya Pradesh), na Índia ocidental (Estado de Maharashtra), em Java (fauna de Ngandong) e no vale de Kathmandu, no Nepal (Kahlke, 1990).

O Neogénico tardio assistiu a grandes alterações climáticas à escala global, que podem ser atribuídas em parte à elevação do planalto tibetano (Qinghai-Xizang). Na Ásia, as alterações incluem um arrefecimento do clima e um aumento da sazonalidade da precipitação na sequência do aparecimento das monções da Índia e do Leste Asiático. Uma grande quantidade de provas geológicas e bióticas, recentemente resumidas para a sequência Siwalik do Planalto Potwar no

Paquistão por Barry e colegas (Barry *et al,* 2002), documenta as ramificações ambientais e faunísticas concatenadas destas alterações. Resumindo brevemente, foram detectadas alterações significativas nos padrões de precipitação a partir de há 9,2 milhões de anos, com uma mudança para um clima mais seco e sazonal. Após 8,1 milhões de anos, começaram a aparecer quantidades significativas de gramíneas C4 e, há 6,8 milhões de anos, eram comuns habitats de planícies aluviais ricos em gramíneas C4 (Barry *et al.*, 2002). Tendências muito semelhantes foram observadas na China (An *et al.*, 2001). Assim, o hipopótamo *H. sivalensis* aparece pela primeira vez no registo fóssil asiático como um migrante de África ( ) numa altura em que a região sub-himalaiana estava coberta por grandes sistemas fluviais entrançados com vastas planícies de inundação com gramíneas. Estes sistemas fluviais, particularmente os pequenos canais, apresentavam padrões de fluxo sazonais (Barry *et al.*, 2002), mas não parecem ter sofrido dessecação sazonal em grande escala. A intensificação simultânea das monções de verão e de inverno na Ásia, levando a uma amplificação da sazonalidade, é observada nos arquivos paleoambientais do Planalto de Loess, na China, entre 3,6 e 2,6 milhões de anos atrás (An *et al.*, 2001). Estes acontecimentos parecem estar ligados a uma nova e progressiva elevação ou extensão do planalto tibetano (An *et al.*, 2001). Este período de aumento da elevação é acompanhado por um aumento pronunciado do fluxo de sedimentos dos principais sistemas fluviais que drenam os Himalaias e o Planalto Tibetano (An *et al.*, 2001), indicando uma intensificação da precipitação das monções nas superfícies de rochas sedimentares recentemente expostas. A monção asiática é uma das principais componentes do sistema climático global e a sua evolução tem desempenhado um papel importante na nossa compreensão dos climas globais. As monções asiáticas de verão e de inverno dominam os ventos sazonais, os padrões de precipitação e de escoamento, bem como as caraterísticas da vegetação terrestre no sul e no leste da Ásia.

Ásia. A monção de inverno caracteriza-se por altas pressões sobre o norte da Ásia (anticiclone siberiano), ventos de nordeste sobre o Mar da China Meridional (que se intensificam durante os periodos de frio) o aumento da precipitação na zona equatorial sul e na Ásia. Na maior parte do hemisfério norte, a monção de inverno é considerada um periodo frio e seco. A circulação da monção de verão caracteriza-se por baixas pressões no Tibete, ventos fortes de sudoeste, uma ressurgência do Mar Arábico e chuvas intensas no sul e no leste da Ásia. Quando os leigos falam de "monção" ou de "chuvas de monção", estão geralmente a referir-se à monção de verão.

Os paleobiólogos interessados nas alterações ambientais do Neogénico tardio na Ásia perguntam frequentemente quando é que os padrões altamente sazonais de precipitação e de caudal dos rios se estabeleceram nos principais sistemas fluviais dos Himalaias. A total dependência dos hipopótamos de fontes de água permanentes e a sua provável preferência por rios grandes e de caudal lento é uma prova há muito esperada a este respeito. Devido às propriedades dependentes da água da sua pele e aos limites impostos à duração das suas viagens de procura de alimentos (ligados aos problemas de pele e de termorregulação durante o exercício), os hipopótamos teriam sido dos primeiros mamíferos a sofrer uma extinção local e, em última análise, continental, em resultado da intensificação da sazonalidade da precipitação e do caudal dos rios. Embora o *H. amphibious* moderno seja capaz de migrar através de sistemas fluviais ou de percorrer curtas distâncias durante períodos de seca para chegar a cursos de água adequados, é provável que uma seca em grande escala que durasse vários meses tivesse sido devastadora para as populações antigas de hipopótamos. A estreita correspondência entre a última intensificação das monções asiáticas no Neogénico (3,6-2,6) (An *et al.,* 2001) e a redução drástica da prevalência de hipopótamos nos sítios paquistaneses do Planalto de Potwar (3,5 milhões) (Barry *et al.*, 2002) e na Formação Samwal entre 2,56 e 2,40 milhões (Hussain *et al.*, 1992) sugere uma relação causal entre os dois eventos. Sugere-se aqui, portanto, que o desaparecimento dos hipopótamos do registo fóssil asiático durante o Plio-Pleistoceno está diretamente ligado a mudanças dramáticas nos padrões sazonais do fluxo dos rios, resultantes da intensificação das monções de verão e de inverno. À medida que as idades das últimas ocorrências confirmadas *de H. sivalensis* no registo fóssil forem melhor estabelecidas para diferentes sequências sedimentares na Ásia, surgirá uma imagem mais clara dos habitats do Neogénico tardio e do Pleistocénico para estas regiões.

5. Estado de conservação do hipopótamo

A evidência genética sugere que os hipopótamos africanos sofreram uma expansão populacional acentuada durante ou após a época do Pleistoceno, atribuída a um aumento das massas de água no final deste período. Estas descobertas têm implicações importantes para a conservação, uma vez que as populações de hipopótamos do continente estão atualmente ameaçadas pela perda de acesso a água doce. Os hipopótamos são também objeto de caça não regulamentada e de caça furtiva. Em maio de 2006, o hipopótamo foi identificado como uma espécie vulnerável na Lista Vermelha da IUCN, elaborada pela União Mundial para a Conservação da Natureza (IUCN), com uma população estimada entre 125 000 e 150 000 hipopótamos, o que representa um declínio de 7% a 20% desde o estudo da IUCN de 1996. As populações de hipopótamos comuns *(H. amphibius)* diminuíram em resposta à perturbação humana. Os hipopótamos comuns foram outrora encontrados em toda a África subsariana, embora apenas existam estimativas da sua distribuição histórica. A distribuição atual concentra-se principalmente na África Oriental e do Sudeste, onde as populações de hipopótamos tendem a ser muito grandes. Informações de estudos da União Mundial para a Conservação da Natureza (UICN) sugerem que, em muitos países onde se encontram hipopótamos comuns, as suas populações estão em declínio. Este declínio tem sido atribuído a duas actividades antropogénicas: a perda de habitat devido à conversão de zonas húmidas ou ao seu impacto no desenvolvimento agrícola (Smuts & Whyte, 1981) e a caça não regulamentada para obter carne e marfim dos grandes caninos e incisivos do hipopótamo comum. A perda de habitat em pequena escala é, na maioria das vezes, o resultado de barragens que redireccionam a água dos rios e lagos para zonas agrícolas. Os hipopótamos adultos são caçados pela sua carne e marfim ao longo de um gradiente de intensidade de caça que reflecte as necessidades nutricionais e a densidade das populações humanas coincidentes. Como os hipopótamos passam a maior parte dos seus dias na água ou perto dela (Field, 1970), apresentam uma sensibilidade demográfica notável à variabilidade anual da precipitação. Os dados de campo e a investigação efectuada nos últimos 50 anos tornaram possível quantificar as alterações acentuadas nas taxas demográficas dos hipopótamos em resposta às flutuações da precipitação. Em anos de baixa pluviosidade ou de seca, as populações de hipopótamos podem entrar em colapso devido a uma queda drástica no número de concepções e a um aumento acentuado da mortalidade, provavelmente devido à falta de forragem, ao stress térmico e a uma maior vulnerabilidade a doenças (Sayer & Rakha, 1974; Smuts & Whyte, 1981). Calcula-se que a proporção de fêmeas susceptíveis de conceber durante um ano de seca desce de 30% para 5% (Smuts & Whyte, 1981).

Relatórios históricos que remontam a 1929 de áreas protegidas em muitos países africanos (África do Sul, Tanzânia, Zâmbia e Zimbabué) confirmam esta resposta pronunciada à baixa pluviosidade. Por outro lado, em resposta a uma precipitação superior à média, as populações de hipopótamos comuns apresentam aumentos populacionais espectaculares. Durante estes surtos, a população pode regressar aos níveis anteriores à seca, muitas vezes no espaço de 1 ou 2 anos, devido à grande disponibilidade de forragem e ao aumento da atividade reprodutiva dos adultos sexualmente maduros. Em anos de elevada pluviosidade, os indivíduos mais jovens do que a idade média de maturidade sexual podem também tornar-se sexualmente activos em resposta a condições favoráveis e contribuir para o crescimento da população (Sayer & Rakha, 1974; Smuts & Whyte, 1981).

6. Resumo

A biogeografia histórica tem por objetivo deduzir as relações históricas entre as zonas ou biotas em que se distribuem espécies de diferentes taxa. Utilizando estas relações entre zonas, a biogeografia histórica pode também tentar explicar como as espécies de diferentes taxa se distribuíram pelas zonas através de processos como a especiação alopátrica (especiação por vicariância e por isolados periféricos ou especiação por dispersão). Devido a estes dois objectivos, a biogeografia histórica pode ser aplicada do ponto de vista das relações espaciais ou das espécies. Existem cinco métodos biogeográficos históricos básicos: dispersão, biogeografia filogenética, pan-biogeografia, biogeografia cladística e análise parcimoniosa da endemicidade. A distribuição das espécies no mundo é o resultado da interação de factores como a tectónica de placas, a migração, as alterações climáticas e acontecimentos catastróficos como glaciações, furacões, erupções vulcânicas e tsunamis. Para além destes factores, a disponibilidade de alimentos e água suficientes, a temperatura adequada e outros factores semelhantes são fundamentais para a distribuição das espécies em todo o mundo.

Um género exclusivamente africano durante o Holoceno, o *hipopótamo* foi comum na Europa durante a maior parte do Pleistoceno (especialmente na parte ocidental), onde está presente em centenas de localidades paleontológicas. Mas a população europeia diminuiu e acabou por se extinguir durante a última idade do gelo. Historicamente, o hipopótamo comum ocupava uma vasta área em África e era considerado abundante. Embora a espécie ainda esteja amplamente presente no continente, a sua dispersão é irregular. O HSG estimou a população total em África em cerca de 157.000 animais, incluindo 7.000 na África Ocidental, 70.000 na África Oriental e 80.000 na África Austral. As estimativas mais recentes do HSG (2004) diferem muito pouco destes números, situando a população continental entre 130.000 e 155.000. O hipopótamo *(Hippopotamus amphibious* Linnaeus, 1758) evoluiu com outros mamíferos vivos (Theria) a partir de Cynodonts (répteis semelhantes a mamíferos) no período Triássico (225-195 milhões de anos atrás). Atualmente, os hipopótamos estão representados apenas por dois géneros monotípicos, Hippopotamus e Hexaprotodon, e estão restritos a África.

7. Referências

Adler, G. H. (1992). Endemismo em aves de ilhas tropicais do Pacífico. *Evol. Ecol.* **6**:296-306.

An, Z. S.; Kutzbach, J. E., Prell, W. L. e Porter, S. C. (2001). Evolução das monções asiáticas e elevação faseada do planalto Himalaia-Tibete desde o Mioceno Superior. *Nature.* **411** : 62-66.

Barry, J.C., Morgan, M.E., Flynn, L.J., Pilbeam, D., Behrensmeyer, A.K., Raza, S.M., Khan, I.A., Badgley, C., Hicks, J., Kelley, J., (2002). Faunal and environmental change in the Late Miocene Siwaliks of Northern Pakistan. In: Paleobiology Memoirs, Memoir, The Paleontological Society, Lawrence, KS, 71pp.

Boekschoten, G.J. e Sondaar, P.Y. (1966). The Pleistocene of the Katharo Basin (Creta) and its hippopotamus. *Bijdragen tot de Dierkunde.* **36**: 17-44.

Bradley, R.S. (1985). *Quaternary Palaeoclimatology: Methods of Palaeoclimatic Reconstruction.* Unwin Hyman, Boston. 472 p.

Breoks, D. R. (1990). Parsimony analysis in historical biogeography and coevolution: methodological and theoretical update. *Syst. Zool.* **39**:14-30.

Brenner, K. (1992). Áreas ancestrais: uma reinterpretação cladística do conceito de centro de origem. *Syst. Biol.* **4**:436-445.

Brundin, L. (1966). Relações transantárcticas e seu significado. *Kungl Svens Vetenskapakad. Handl.* **11**:1-472.

Brown, J. H. (1971). Mamíferos no topo das montanhas: biogeografia insular sem equilíbrio. *Am. Nat.* **105**:467-478.

Brown, J. H. e Lomolino, M. V. (1998) Biogeography. 2(nd) ed. Sinauer Associates, Sunderland.

Cain, S. A. (1944). *Foundations of plant geography.* Nova Iorque: Harper.

Cairns, J., M. L. Dahlberg, K. L. Dickson, N. Smith, e W. T. Waller. 1969. A relação das comunidades de protozoários de água doce com o modelo de equilíbrio de MacArthur-Wilson. *Am.*

Nat. **103**:439-454.

Chase, M. J. e. Griffin C. R. (2004). *Distribuição e abundância de elefantes na Reserva Parcial de Luiana, Angola: Resultados de um levantamento aéreo em janeiro de 2004.* Relatório final submetido ao Ministério da Urbanização e Ambiente de Angola.

Climo, F. (1989). The panbiogeography of New Zealand as illuminated by the genus *Fectola* Iredale and subfamily Rutadiscinae Pilsbry, (Mollusca : Pulmonata : Punctoidea :

Charopidae). *NZ. J. ool.* **16**:587-64.

Coryndon, S.C., 1978. Hippopotamidae. In: Evolution of East African Mammals. Harvard University Press, Cambridge,. 483-495 pp.

Cox, G. W. (1990). Centros de especiação e diferenciação ecológica na fauna de aves terrestres das Galápagos. *Evol. Ecol.* **4**:130-142.

Cracraft, J. (1991). Patterns of diversification within continental biotas: hierarchical congruence among the areas of endemism of Australian vertebrates. *Aust. Syst. Bot.* **4**: 211-27.

Craw, R. C. (1989). Quantitative panbiogeography: introduction to methods. *NZ. J. Zool.* **16**:485495.

Craw, R. C. (1982). Filogenética, áreas, geologia e biogcografia de Croizat: uma visão radical. *Syst. Zool.* **31**:304-16.

Craw, R. C. (1983). Panbiogeografia e cladística de vicariância: São verdadeiramente diferentes? *Syst. Zool.* **32**:431-38.

Craw, R. C. (1985). Problemas clássicos da biogeografia do hemisfério sul reexaminados: análise panbiogeográfica da rã neozelandesa *Leiopelma,* aves ratitas e *Nothofagus. ZZool. Syst. Evalutionsforsch.* **23**:1-10.

Craw, R. C e Weston, P. (1984). Panbiogeografia: um programa de investigação progressivo? *Syst Zool.* **33**:1-33.

Croizat, L. (1952). *Manuel de phytogéographie.* Haia, Junk.

Croizat, L. (1958). *Pan-biogeografia.* Caracas, publicado pelo autor

Croizat, L.; Nelson, G. e Rosen, D. E. (1974). Centros de origem e conceitos relacionados, *Syst. Zool.* **23**:265-87.

Darlington, P. J. (1943). Carabidae das montanhas e ilhas: dados sobre a evolução de faunas isoladas e atrofia das asas. *Ecol. Monogr.* **13**:37-61.

Darlington, P. J J. (1965). *Biogeography of the southernmost part of the world: Distribution and History of Far-Southern life and Land, with an Assessment of Continental Drift.* Cambridge :

Harvard University Press.

Darwin, C. (1859). *On the Origin of Species by Natural Selection, or the Preservation of Favoured Races in the Struggle for Life [Sobre a Origem das Espécies por Seleção Natural ou a Preservação das Raças Favorecidas na Luta pela Vida].* Londres: John Murray.

Eltringham, S. K. (1993). *O hipopótamo comum (Hippopotamus amphibius).* **In**: *Pigs,*

Peccaries e hipopótamos. IUCN, Gland,. 43-55 pp.

Eltringham, S.K. (1999). *The Hippos.* Londres: Academic Press.

Field, C. R. (1970). Um estudo dos hábitos alimentares do hipopótamo no Parque Nacional Rainha Isabel, Uganda, com algumas implicações de gestão. *Zool. Afr.***5**:71-86.

Fowler, H.W. e Coulson, J. (1990). *The Shorter Oxford English Dictionary: on historical principles.* II (3 ed.). Clarendon Press.

Games, I. (1990). A survey of hippopotamus in the Selous Game Reserve, Tanzânia. Relatório não publicado para o Diretor da Vida Selvagem, Tanzânia. 4pp

Giannopoulos, V.I. (2000). *Contribuição para o estudo dos ambientes recentes e antigos das grutas gregas mais importantes.* Tese de doutoramento, Universidade Nacional e Kapodistrian de Atenas.437pp.

Gibbard, P. e Van Kolfschoten, T. (2005). *Epochs Pleistocene and Holocene.* **In**: *A Geologic Time Scale.* Cambridge University press, Nova Iorque, 441-452pp.

Gilbert, F. S. (1980). A teoria do equilíbrio da biogeografia insular: facto ou ficção? *J. Biogeogr.* **7**:209-235.

Goddard J. (1970). *Hippopotamus population on the Luangwa river.* Relatório da FAO, Projeto do Vale do Luangwa (em Sayer & Rakha 1974).

Goudie, A. (1983). *Environmental Change.* Segunda edição. Clarendon Press, Oxford. 258 pp.

Gray, R. (1989). Oppositions in panbiogeography: Can the conflicts between selection, constraint, ecology and history be resolved? *NZ J. Zool.* **16:**787-8O6.

Grehan, J. R. (1989). Panbiogeografia da Nova Zelândia: no presente e no futuro. *NZ J. Zool.* **16**:513-25.

Grehan, J.R. (1993). Conservation biogeography and the biodiversity crisis: a global problem in space and time. *Biodiver. siry J. Lett.* **1:**134-40.

Hamilton, T. H., R. H. Barth, J. e Rubinoff, I. (1964). O controlo ambiental da variação insular na abundância de espécies de aves. *Proc. Natl. Acad. Sci.* **52**:132-140.

Have, A. (1987). Biogeografia experimental de ilhas: imigração e extinção de ciliados em microcosmos. *Oikos.* **50**:218-224

Heanig, W. (1966). *Phylogenetic Systematics.* Urbana University Press.

HSG (1993). *Porcos, queixadas e hipopótamos.* Estudo da situação e plano de ação para a conservação. Ed.

W.L.R. Oliver. Publicação do Grupo de Especialistas em Suínos e Pecários da IUCN/SSC e do Grupo de Especialistas em Hipopótamos, IUCN, Gland, Suíça. 202pp.

HSG (2004). Avaliação por país do estatuto do hipopótamo comum. Relatório do sítio Web do Subgrupo de Especialistas em Hipopótamos do Grupo de Especialistas em Suínos, Pecarídeos e Hipopótamos da IUCN/SSC. http://moray.ml.duke.edu/projects/hippos.

Humphries, C. L Parenti, L. R. (1986). *Cladistie Biogeography.* Oxford University press. Oxford.

Humphries, C. J. e Seherg, O. (1989). Gráficos e trajectos generalizados: alguns comentários sobre o método. *Syst. Zool.* **38**:69-76

Humphries, C. J. (1989). Algum avanço no pressuposto 2? *J. Biogeogr.* **16**:101-102

Hussain, S.T. ; van den Bergh, G. ; Steensma, D. K. J. ; de Visser, J. A. ; de Vos, J., Arif, M. ; van Dam, J. ; Sondaar, P.Y. ; Malik, B. (1992). Biostratigrafia do sedimento continental Plio-Pleistocénico (Upper Siwaliks) do Anticlíneo Mangla-Samwal, Azad Kashmir, Paquistão. Actas da Koninklijke Nederlandse Akademic van Wetenschappen 95, 65-80.

Iliopoulos, G.; Eikamp, H. e Fassoulas, C. (2010). *A new late Pleistocene mammal locality from Western Crete. Actas do 12° Congresso Internacional da Sociedade Geológica da Grécia,* Patras, Boletim da Sociedade Geológica da Grécia, 42 pp.

IUCN (2008). *http://www.gov/servlet/single Rpt.*

Kahlke, V. R. D. (1990). Zum Stand der Erforschungfossiler Hippopotamiden (Mammalia, Artiodactyla) Eine Ubersicht. *Quartarpalaontologie* **8:** 107-118.

Kingdon, J. (1989). *Island Africa.* Princeton University Press, Princeton, 287 pp.

Kingdon, J. (1979). East African Mammals, Volume IIIB Large Mammals. Chicago : The University of Chicago Press

Kostopoulos, D. S. (1996). *The Plio-Pleistocene Artiodactyls of Macedonia: Systematics, palaeoecology, biochronology, biostratigraphy.* Tese de doutoramento, Universidade Aristóteles de Salónica, 671 p.

Ladiges, P. Y, Prober, S. M., Nelson, G. (1992). Análise cladística e biogeográfica do eucalipto azul. *Cladistics.* **8**:103-124.

Lakatos, I. (1970). A falsificação e a metodologia dos programas de investigação científica. **In:** *Criticism and the Growth of* Knowledgee. Cambridge : Cambridge University Press. Mnsgrave, 91-176.

Lamb, H. H. (1970). Volcanic dust in the atmosphere: with a chronology and assessment of its meteorological significance. *Philo. Transac. Roy. Soci. de Londres.* **266:** 425-533.

Lax, E. M. (1996). Um registo das localidades paleontológicas cretenses. Pleistocene and Holocene fauna of Crete and its first settlers. *Madison.* **28**: 1-32.

Linné, C. (1758). Systema naturae per regna tria naturae, secundum classes, ordines, genera, species, cum characteribus, differentiis, synonymis, locis. Décima edição. Laurentii Salvii, Estocolmo, **1**:1-824.

Lydekker, R. (1915). *Catalogue of Ungulate Mammals in the Natural History of the British Museum (Catálogo de Mamíferos Ungulados na História Natural do Museu Britânico).* **Vol. 5**, British Museum, Londres.

Matthew, W. D. (1915). Climate and evolution. *Ann. New York Acad. Sci.* ***24****: 171-318.*

Mayr, E. (1946). History of the North American avian fauna. *Wilson Bull.* **58**:3-41.

Milankovitch, M. M. (1941). Canon of Insolation and the Ice-Age Problem. Academia Real Sérvia, Belgrado, Jugoslávia.

Myers, A.A. (1991). Como é que o Havai acumulou a sua biota? Um teste com os Amphipoda. *Global Ecol. Biogeogr.* Lett. **1:**24-29.

Nelson, G. (1978). De Candolle a Croizat: comentários sobre a história da biogeografia. *J. Hist. Biol.* **11**:269-3O5.

Nelson, O. (1974). Biogeografia histórica: uma formalização alternativa. *Syst. Zool.* **23**: 555-58.

Nelson, G. (1973). Comentários sobre a biogeografia de Léon Croizat *Annu. Rev. Ecol. Syst.* **26**:373401.

Nelson, G. e Platnick, N. I. (1980). A vieariance approach to historical biogeography. *Bioscience* 30:339-43

Nelson, G, e Platnick, N. I. (1981). *Systematics and biogeography: Cladistics and vicariance.* Nova Iorque: Columbia University Press.

Olivier, R. C. D. e Laurie, W. A. (1974). Utilização do habitat por hipopótamos no rio Mara. *E. Afri. Wildl. J.* **12** : 249-271.

Olivier, R. C. D. (1975). Aspectos da fisiologia da pele do hipopótamo pigmeu *Choeropsis liberiensis. J. of Zool.* **176 :** 211-213.

Page, R. D. M. (1987). Gráficos e rastos generalizados: quantificando a panbiogeografia de Croizat. *Syst. Zool.* **36**:1-17.

Page, R. D. M. (1988). Biogeografia cladística quantitativa: construindo e comparando cladogramas de área. *Syst. Zool.* **37:**25-70.

Patrick, R. (1967). O efeito da taxa de invasão, do conjunto de espécies e do tamanho da área na estrutura da comunidade de diatomáceas. *Proc. Natl. Acad. Sci.* **58**:1335-1342.

Petronio, C. (1995). Nota sobre a taxonomia dos hipopótamos do Pleistoceno. *Ibex. 3 :* 53-55.

Petrochilos I., 1958. Descobertas paleontológicas na gruta de Glyphada. Bulletin de la Socidtd *Speleologique de Grece,* **4**: 119.

Preston, F. W. 1962. The canonical distribution of commonness and rarity. Parte I. *Ecology* **43**:185-215.

Raven, P. H. e Axelrod, D. I. (1974). Biogeografia de angiospermas e movimentos continentais passados. *Ann. MissouriBot. Gard.* **61**:539-673.

Read, H. H. e Watson, J. (1975). *Introduction to Geology.* Nova Iorque, Halsted. pp. 13-15.

Rosen, D. E. (1978). Padrões vicariantes e explicação histórica em biogeografia. *Syst. Zool.* **27:**159-88.

Rosen, D. E. (1976). Um modelo de vicariância da biogeografia das Caraíbas. *Syst. Zool.* **24**:4 31-64.

Rosen, B. R. e Smith, A. B. (1988). Tectónica a partir de fósseis ? Análise das distribuições de corais de recife e ouriços-do-mar do Cretáceo tardio ao recente, usando um novo método. Em *Gondwana land Tethys Geol. Soc. Special Pub.* **37** : 275-306.

Sauer, J. (1969). Ilhas oceânicas e teoria biogeográfica: uma revisão. *Geogr. Rev.* **59**:582-593.

Shortridge, G. C. (1934). *The mammals of south-west Africa.* **Volumes I e II**. William Heineman. Londres.658 p.

Sidney, J. (1965). A distribuição passada e atual de alguns ungulados africanos. *Transacções da Sociedade Zoológica de Londres* **30**: 89-130.

Simberloff, D. S., e Wilson, E. O. (1969). Zoogeografia experimental de ilhas: a colonização de ilhas vazias. *Ecologia.* **50**:278-296

Simpson, G. G. (1965). The *geography of evolution.* Filadélfia e Nova Iorque, Chilton.

Smithers, R. H. N. (1971). *The mammals of Botswana.* The Trustees of the National Museums of Rhodesia, Salisbury.

Smuts, G. L. e Whyte, I. J. (1981). Relações entre a reprodução em pradarias de hipopótamos no Parque Nacional Kruger. *Koedoe.* **24**:169-185.

Symeonidis, N. K. e Giannopoulos, V. I. (2001). Faunas pleistocénicas da gruta de Glyfada,

Diros,

Lacónia. Boletim da Sociedade Geológica da Grécia. **34:** 515-522.

Ursing, B. M. e Arnason, U. (1998). Mitochondrial genome analyses strongly support a hippopotamus-whale clade. *Actas da Sociedade Real de Londres.* **7**: 2251-2255.

Vuilleumier, F. (1970). Biogeografia insular em regiões continentais. I. O norte dos Andes da América do Sul. *Am. Nat.* **104**:373-388.

Wallace, A. R. (1892). *LandLife.* Londres: Macmillan.

Wiley, E. O. (1981). *Phylogenetics: The Theory and Practice of Phylogenetic Systematics.* Nova Iorque: Wiley-Intersci.

Wiley, E. O. e Mayden, R. I. (1985). Species and speciation in phylogenetic systematics, with examples from the North American fish fauna. *Ann.MissouriB ot. Gard.* **72**:596-635.

Wright, P.G. (1987). Thermoregulation in the land-dwelling hippopotamus. *S. Afr. J. of Zool.* **22**: 237-242.

Croizat, L (1952). Manuel de phytogéographie. Junk, Haia.

Croizat, L. (1958). *Panbiogeografia.* Caracas: publicado pelo autor.

Croizat, L. (1964). *Espaço, tempo, forma: A síntese biológica.* Caracas: publicado pelo autor.

Heads, M. 2005b. Uma revisão de "R.T. Pennington, Q.C.B. Cronk, e J.A. Richardson (eds.), 2004. Plant phylogeny and the origin of major biomes". *The Systematist* 24, 19-22.

Heads, M. 2005c. Datação de nós em filogenias moleculares: uma crítica à biogeografia molecular. *Cladistics* 21, 62-78.

Grehan, J. R. (1993). A biogeografia da conservação e a crise da biodiversidade: um problema global no espaço/tempo. *Biodiversity letter.* 1, 134-140pp.

Grehan, J. R. 2001a. Panbiogeografia y biogeografia de la vida. Em J. Llorente e J. J. Morrone (Eds.) Introduccion a la biogeografia: Teorias, conceptos, metodos y aplicaciones. Universidad Nacional Autonoma de Mdxico, México, pp. 181-196. (Traduzido para espanhol pelo editor).

Morrone, J.J e Crisci, J.V. (1995). *Biogeografia histórica. Introdução aos métodos. Annu. Rev. Ecol.Syst.* **26**: 373-401.

Gerald, F. W. (2007). *A Terra treme, Vulcões e Tsunamis.* Associação Nacional de Professores de Ciências. EUA.

Declaração

Declaro que este livro é o meu trabalho original e que todas as fontes materiais são devidamente reconhecidas. Nome do autor Mesele Admassu Mersha

Data: 26 de maio de 2016.

MIX
Papier aus verantwortungsvollen Quellen
Paper from responsible sources
FSC® C105338

Printed by Books on Demand GmbH, Norderstedt / Germany